Reden wir, jetzt!

PAUL GLAESENER

# REDEN WIR, jetzt!

DAS BEWUSSTE ZWIEGESPRÄCH
UND WAS ES BEWIRKEN KANN

GOLDEGG

Covergestaltung: Danni Wiebelhaus, danniwiebelhaus.de

Die Begriffe »Ganz-Ohr-Hase ™« und »Ohr-Ganz-Muss ™« sind eingetragene Marken des Autors Paul Glaesener.



Der Verlag und seine Autor:innen sind für Reaktionen, Hinweise oder Meinungen dankbar. Bitte wenden Sie sich diesbezüglich an verlag@goldegg-verlag.com.

Der Goldegg Verlag achtet bei seinen Büchern und Magazinen auf nachhaltiges Produzieren. Goldegg-Bücher sind umweltfreundlich produziert und orientieren sich in Materialien, Herstellungsorten, Arbeitsbedingungen und Produktionsformen an den Bedürfnissen von Gesellschaft und Umwelt.

ISBN: 978-3-99060-365-9


Unter den Linden 21 • D-10117 Berlin
Telefon: +49 800 505 43 76-0

Goldegg Verlag GmbH, Österreich
Mommsengasse 4/2 • A-1040 Wien
Telefon: +43 1 505 43 76-0

E-Mail: office@goldegg-verlag.com
www.goldegg-verlag.com

Layout, Satz und Herstellung: Goldegg Verlag GmbH, Wien
Printed in the EU

# Inhalt

## Teil III

# Vor jedem Unternehmen kommt die Unterredung

Willkommen zu diesem Zwiegespräch zwischen Ihnen und mir! Es ist ein Zwiegespräch in Buchform, zu dem ich Sie einlade. Zwischen jedem Autor und seinen Lesern und Leserinnen stellt sich ja immer diese spezielle Verbindung ein, die einem echten Dialog sehr ähnlich ist.

Waren Sie bisher vor allem mit sich selbst im Dialog? Ich meine damit nicht, dass Sie nicht gesprochen und nicht kommuniziert hätten. Ich beziehe mich vielmehr auf diese inneren Dialoge, die wir alle mit uns selbst führen und die uns doch einsam und manches Mal verloren zurücklassen. Der ausschließliche Dialog mit sich selbst kann jedoch ein wahrhaftiges und echtes Zwiegespräch nicht ersetzen!

Haben Sie schon einmal bemerkt, dass in einem Theater, auf der Bühne, die Protagonisten einander immer ausreden lassen? Kein Wunder, sie sprechen ja auch im Vorhinein erschaffene, geschliffene Worte, die jemand anderer ihnen in den Mund gelegt hat, und folgen einem vorgegebenen Dialogmuster mit einem bestimmten, vorgesehenen Ausgang. Das kommt im richtigen Leben eher selten vor. Wie oft führen wir in unserem kommunikativen Austausch mit anderen Menschen zwei parallel ablaufende Monologe, bei denen die Gesprächsteilnehmer nur mit halbem Ohr hinhören und schon ungeduldig darauf warten, selbst wieder zu Wort zu kommen. »Zwei Monologe sind eben kein Gespräch«, wie einst Johann Wolfgang von Goethe es so treffend formulierte. Ein richtig gutes Zwiegespräch, in dem während jeweils der Hälfte der Zeit von beiden Gesprächsprotagonisten wirklich zugehört wird, hat heutzutage Seltenheitswert. Ich finde das sehr schade, denn dieses wertschätzende Zuhören bringt großen Gewinn für alle Beteiligten! Nur wer genau zuhört, kann schließlich ein echter Gesprächspartner auf Augenhöhe sein!

Auch ich habe mich auf verschiedene Zwiegespräche eingelassen, bevor ich angefangen habe, dieses Buch zu schreiben, indem ich den Dialog mit einigen mir wichtigen Personen gesucht habe. Durch ihr Zuhören und ihre Reaktionen konnten sie mir inspirierende Impulse mit auf diesen, für mich neuen Buchweg geben. Ausnahmslos alle haben mich auf Anhieb verstanden und gemeint, dass sie die Gabe, ein achtsamer Gesprächspartner und auch Reflektor zu sein, seit Langem in mir beobachten und an mir schätzen. Keiner hat mir abgeraten, alle haben sie mich ermutigt.

Und das bringt uns gleich tiefer in das Thema. Mir wurde also attestiert, dass ich ein achtsamer Gesprächspartner sei. Aber, wenn man selbst anderen gut und aufmerksam zuhört, wie sieht es denn eigentlich umgekehrt aus? Wird uns, die wir zuhören können, ebenso zugehört, wie wir es uns wünschen? Ich hatte während meiner beruflichen Laufbahn nicht allzu oft das Gefühl, dass mir auf die richtige Art und Weise zugehört wurde.

War ich doch in meinem professionellen Werdegang immer mein eigener Chef, in der eigenen Firma, mit jeweils verschiedenen Geschäftspartnern. Als Selbstständiger ist man, nomen est omen, absolut und ständig auf sich selbst gestellt. Je weiter oben man in der Hierarchie steht, desto einsamer wird es auch. Ich befand mich in meinen Führungspositionen ebenfalls ganz oben und war damit automatisch sehr alleine!

Heute versuche ich, für andere die Person zu sein, die ich mir während dieser Zeit immer als Gesprächspartner, als Gesprächspartnerin gewünscht hätte. Jemanden, mit dem man reden kann, der einem zuhört.

Ich wusste in meinen Zeiten als Firmenchef immer, dass die Lösung diverser Probleme und Herausforderungen in mir selbst liegt. Aber ich konnte sie oft nicht erkennen. Denn ich habe meist vor lauter Bäumen den Wald nicht mehr wahrgenommen, ich war betriebsblind und in meinen Meinungen und Ansichten sehr oft festgefahren. Wie gerne hätte ich damals jemanden in meinem Leben gehabt, mit dem ich wichtige Entscheidungen, Probleme, Visionen und Strategien auf Augenhöhe hätte besprechen können. Jemanden, der mir einfach zuhört, ohne mir sofort vollmundig Ratschläge zu geben, oder mir sagt, was ich wie zu tun habe. Als Chef weiß ich das im Grunde ja selbst am besten. Niemand kennt meinen Betrieb schließlich besser als ich. In diesen Momenten des Zweifelns und der Unsicherheit braucht man als Führungskraft und Entscheider keinen Coach, keinen Therapeuten, keinen Seelsorger und auch keinen Berater und schon gar keine Consulting-Firma. Jede dieser Sparten hat ihre Berechtigung und ist bei spezifischen Problemstellungen klarerweise der einzig mögliche, rationale Ausweg.

In den allermeisten Fällen jedoch bräuchte man nur jemanden, der ganz Ohr ist, ohne Vorurteile, ohne Interpretationen, ohne Ratschläge, dafür mit seiner ganzen Aufmerksamkeit und dem nötigen wirtschaftlichen Verständnis. Zugegeben, eine solche Person ist nicht leicht zu finden. Berufliche Themen mit nach Hause in die Beziehung zu nehmen, ist nicht unbedingt förderlich für die idyllische Zweisamkeit. Seitens der Eltern – so sie noch da sind – mangelt es oftmals an Verständnis und Distanz. Auch enge Freunde sind nicht immer die besten Gesprächspartner für solch vertrauliche Themen, da sie ja meist in völlig anderen beruflichen Sphären tätig sind.

Was es für solche Situationen braucht, ist ein echtes Zwiegespräch auf Augenhöhe. Natürlich benötigt ein solches Gespräch Zeit und Raum. Denn das ungestörte, offene, vertrauensvolle persönliche Gespräch mit einem unternehmerisch denkenden Gegenüber ermöglicht auf geradezu mirakulöse Art und Weise die Neuordnung und Strukturierung der eigenen Gedankenwelt. Beobachtung fördert diese Neuordnung geradezu, eine Erkenntnis, die wir schon aus der Quantenphysik kennen. Machen wir sie uns doch zunutze und suchen wir das passende Zwiegespräch, das uns stützt und weiterbringt!

Der Psychologe Prof. Dr. Michael Lehofer bringt es auf den Punkt: »Wenn man ein Problem hat, zum Beispiel in Bezug auf eine Entscheidung, und man findet partout keine Lösung, ist es durchaus nützlich, jemanden zu kontaktieren. Man sucht das Gespräch mit einem Menschen, dem man vertraut, und der höchstwahrscheinlich auch Verständnis für das Problem aufbringt. Wenn man ihm dann von dem Problem erzählt, kann es passieren, dass einem dabei die Lösung einfällt, ohne dass der Gesprächspartner überhaupt etwas sagen muss. Die Begegnung mit dem anderen führt zu einer Verbesserung der betroffenen Assoziationsbahnen im Gehirn, die uns die Lösung vermitteln. Zuhören inspiriert! Genau das ist die Magie der Begegnung. In Begegnungen werden wir mehr, als wir sind.«

Das bringt es auf den Punkt: In Begegnungen werden wir mehr, als wir sind! Ich finde diese Aussage wunderbar und absolut zutreffend. Sie beschreibt all das, was ich bezüglich der Kommunikation und den gelungenen Dialog schon immer gedacht und in letzter Zeit verstärkt auch getan habe. Sie charakterisiert außerdem genau das, was ich als »Speguloreflexologie« bezeichne.

»Spegulo« ist Esperanto und bedeutet Spiegel. Ein Spiegel, der reflektiert oder beim Reflektieren behilflich ist. Der Begriff ist meine persönliche Wortschöpfung für jene Phänomene, die ich in Gesprächen, vor allem in Zwiegesprächen, beobachte. Bei der Speguloreflexologie handelt es sich um keine dogmatische Wissensvermittlung, sie ist auch keine asymmetrische Vorgehensweise, sondern ein Einander-Begegnen auf echter Augenhöhe.

Im Verlauf dieses Buches werde ich alle diese hier nur

kurz vorgestellten Aspekte vertiefen, Abgrenzungen erläutern und Wege aufzeigen, wie Lösungen sich auf wundersame Weise oftmals ganz von alleine offenbaren. Wenn man bereit ist, diesem Vorgang Raum und Zeit zu geben, mit Achtsamkeit und Aufmerksamkeit im Dialog. Lassen Sie uns nun gemeinsam herausfinden, was diese Form des Zwiegesprächs so besonders wertvoll und wirksam macht.

Reden wir, jetzt?

Ihr Paul A. Glaesener

# Teil I

# Monolog – An der Spitze kann es einsam sein

# Kapitel 1

## Die Spitze ist erklommen – und jetzt?

*Wer die Einsamkeit als innere Befindlichkeit annimmt, um sie dann zu transzendieren, kann das Alleinsein mit all seinen Herausforderungen bewusst leben.*

Da Sie sich von dieser Thematik angesprochen gefühlt haben, gehe ich davon aus, dass Sie eine Führungskraft sind. Und da stehen Sie nun, nachdem Sie alles erreicht haben. Und Sie fragen sich vielleicht, wie es jetzt weitergeht. Es war sicherlich, wie so oft, ein zuweilen unangenehmer und mühsamer Weg, es bis dahin zu schaffen, wo Sie jetzt stehen. Sie haben nichts geschenkt bekommen und mussten sich mit hoher Wahrscheinlichkeit gegen andere Kandidaten durchsetzen. Einige dieser »Konkurrenten« warten jetzt vielleicht begierig darauf, dass Sie eine Fehlentscheidung treffen, um Ihnen bei erster Gelegenheit in den Rücken zu fallen.

Bitte denken Sie jetzt nicht, dass ich negativ behaftet bin oder nur Schlechtes über meine Mitmenschen annehme. Aber ich kenne die raue Luft in den höchsten Vorstands- und Unternehmensebenen und garantiere Ihnen, dass die Messer bereits gewetzt sind und auch eingesetzt werden, sobald Sie sich auch nur einmal einen unachtsamen Augenblick erlauben. Ich kenne das aus meiner langen Zeit als Chef in meinen eigenen Betrieben nur zu gut. Wir müssen als Führungskräfte ständig auf der Hut sein und darauf achtgeben, wer bereits zum Sprung angesetzt haben könnte, um unseren Platz einzunehmen. Ich frage mich oft, warum alle, die es noch nicht geschafft haben, so unheimlich versessen darauf sind, auf diesem Schleudersitz Platz zu nehmen, an dem man sich oft unendlich einsam und verloren fühlt. Aber so eine Position »auf dem Olymp« bietet andererseits natürlich zahlreiche Vorteile.

Das Bekleiden einer Führungsposition geht immer mit sozialer Anerkennung und hohem Statuszuwachs einher. Sie werden sicher, wie ich früher, zu zahlreichen eleganten Empfängen, spannenden Vorträgen und Ausstellungen wie auch zu Konzerten und Events aller Art eingeladen. Gefangen in einem Strudel aus beruflich hoher Verantwortung und gesellschaftlichen Verpflichtungen, nahm ich mir irgendwann kaum mehr Zeit für die Familie, die Kinder und den Hund. So kam, was kommen musste, der familiäre Rückhalt schwand dahin, und das Klima zu Hause wurde immer eisiger. Zu diesem fortschreitenden Alleinsein inmitten der Familie gesellte sich bei mir bald das deprimierende Gefühl der echten Einsamkeit, welche sich irgendwann nur durch noch mehr Arbeit kompensieren ließ. Bald war ich in einer toxischen Spirale gefangen, aus der es keinen Ausweg zu geben schien.

## Die Einsamkeit am Gipfel

Es ist keine neue Erkenntnis, dass es an der Spitze einsam ist. Es handelt sich um ein allseits bekanntes Phänomen, das wussten auch Sie, bevor Sie den Weg dorthin eingeschlagen haben. Das ist ja genau die Herausforderung dabei, dass es eben nicht jeder bis ganz nach oben schafft. Und das Ziel dann eines Tages erreicht zu haben, bringt ein ganz spezielles Triumphgefühl mit sich. Ich zum Beispiel habe immer so eine Art euphorischen sportlichen Ehrgeiz empfunden, wenn das Adrenalin durch meine Blutbahnen schoss, weil ich wichtig war, gebraucht wurde und weil die Entscheidungen, die ich zu treffen hatte, Gültigkeit hatten und den Weg für die Firma, die gesamte Belegschaft und in letzter Instanz auch für mich selbst bestimmten.

Ich habe mich damals immer wie ein Kapitän gefühlt, der oben auf der Schiffsbrücke steht und dem alle vertrauen, weil er weiß, wo es langgeht. War es doch meine Aufgabe, vorauszudenken, Visionen zu entwickeln und in weiser Voraussicht die Weichen für eine reibungslose Weiterentwicklung des Geschehens zu stellen. Hierfür mussten Strukturen geschaffen werden, die passende Hardware sozusagen, damit die Belegschaft ihrer Arbeit unter den bestmöglichen Voraussetzungen nachgehen konnte. Es ist ein sehr gutes Gefühl, aber das kennen Sie ja!

Aber trotz aller Erfolge und Gipfelstürme, etwas Essenzielles fehlte. Obwohl ich in meinem beruflichen Umfeld den ganzen Tag von Menschen umgeben war, fühlte ich mich zunehmend einsam und nur wenig aufrichtig wertgeschätzt. Diese Einsamkeit habe ich nicht freiwillig gewählt, das Alleinsein schon, immer wieder, um Abstand zu gewinnen und mir Klarheit zu verschaffen, wie es denn weitergehen sollte. In diesen Momenten hätte ich gerne so eine Art Sparringspartner mit einer völlig neutralen Sicht gehabt, mit dem ich im gegenseitigen Vertrauen Dinge auf Augenhöhe besprechen könnte und der keine eigenen Interessen verfolgen würde. Leider gab es damals keine Person in meinem Umfeld, die diese Kriterien erfüllte. Nur wenig tröstete mich die baldige Erkenntnis durch den Austausch mit anderen Führungskräften, dass ich mit diesen Gefühlen nicht alleine war. Diese unterschwellige Einsamkeit und der Wunsch nach mehr Wertschätzung ist in Führungskreisen scheinbar omnipräsent, wie auch die Sehnsucht nach einem neutralen Gesprächspartner auf echter Augenhöhe.

Der Verlust einer nahestehenden Person, eine zerbrochene Ehe oder die ersten Alterserscheinungen verstärken diese subjektiv empfundene Einsamkeit noch zusätzlich. Aus persönlichen Erzählungen weiß ich, dass außerdem die Angst vor Bloßstellung und damit einhergehender Diskriminierung ebenfalls dazu führen kann, diese empfundene Einsamkeit und die Angst vor dem Wertschätzungsverlust noch um ein Vielfaches zu potenzieren. Daher tendieren die meisten Führungskräfte dazu, verschiedene, im Grunde zutiefst private Belange oder Geheimnisse, wie ihre sexuelle Orientierung, Abhängigkeit von Drogen und/oder Alkohol, und/oder konfessionelle Zugehörigkeit ein Leben lang wie ihren Augapfel zu hüten und vor anderen zu verbergen. Kein Wunder, denn je höher wir aufsteigen, desto tiefer wäre doch unser Abstieg im Falle einer Indiskretion. So schweigen wir, sprechen mit niemandem darüber und vereinsamen noch mehr.

Prof. Dr. Reinhard Haller, langjähriger Chefarzt einer psychiatrisch-psychotherapeutischen Klinik und außerdem ein international gefragter Gerichtsgutachter und Bestsellerautor, beschreibt in seinem Buch »Das Wunder der Wertschätzung«, wie die fehlende Beachtung und Wertschätzung seitens des sozialen Umfelds das Gefühl der Einsamkeit triggert. Beachtet zu werden ist ein menschliches Grundbedürfnis. Der Mangel an Beachtung kann zu Krankheit und im Extremfall zum Tod führen. Die Bestätigung des Daseins durch die Eltern ist für ein Kind und seine Entwicklung eminent wichtig. Im Kindesalter völlig verkannt und abgelehnt zu werden, führt quasi zwangläufig zu psychischen Störungen im späteren Verlauf des Lebens. Wir alle brauchen nun einmal Zuwendung, und mangelnde Wertschätzung kann sich zu handfesten Konflikten hochschaukeln. Empathie und mitmenschliche Gefühle sind unabdingbar, sowohl im privaten Umfeld als auch in der Gesellschaft und im Berufsleben.

## Speguloreflexion

*Wie kann es nun aber sein, dass jemandem, der so exponiert im Mittelpunkt steht wie eine Führungskraft, gefühlt trotzdem nicht die gebührende Beachtung und Wertschätzung entgegengebracht wird?*

Nun, dieses Phänomen kennen wir alle aus dem engeren zwischenmenschlichen Verbindungsgeflecht. Ich kann mich auch in einer Ehe, Freundschaft oder sonstigen Beziehung einsam fühlen, sobald mein Gegenüber mich nicht beachtet oder mir jedwede Wertschätzung verweigert.

Wenn der zwischenmenschliche, gegenseitig wertschätzende Kontakt nicht mehr gegeben ist, funktioniert keine Form der Beziehung auf Dauer zufriedenstellend. Auf das Wirtschaftsumfeld bezogen fühlt sich die Belegschaft oftmals von der Führungsetage abgekoppelt, empfindet »die da oben« als abgehoben, realitätsfremd und spiegelt diesen Mangel an Beachtung gnadenlos zurück. Die Chefetage wird damit in eine Art Isolation katapultiert, verliert den Kontakt zur Realität, und noch mehr Einsamkeit zieht ein. Ein oft fataler Kreislauf!

## Ein Zwiegespräch gegen den Druck und die Einsamkeit?

Mein Freund Luca, Junior-Chef eines mittelständischen Handelsunternehmens, gab folgendes Statement ab, als ich ihn fragte, wie er mit dem Druck des anstehenden Generationswechsels umgehen würde. »Die Erwartungen, die man an sich selber stellt, sind oft sehr hoch, zu hoch. Man darf keine Schwäche zeigen. Nichts geht schnell genug, nichts ist gut genug. Nur der Stärkere überlebt.« Den andauernden Vergleich mit der alten Führungsriege und den markttypischen, unerbittlichen Konkurrenzkampf versuchte er mit Sport zu kompensieren. Das erforderte Zeit, gnadenlose Härte mit sich selbst, Entschlossenheit, Kraft und Mut. Dieser selbst auferlegte Perfektionismus erzeugte bei Luca wenig überraschend noch mehr Stress und unweigerlich auch Enttäuschungen – tiefe Unzufriedenheit mit sich selbst war die Folge. Diese Unzufriedenheit versuchte er mit noch mehr Härte, Disziplin und Selbstkasteiung zu bekämpfen. Seine sozialen Kontakte außerhalb des beruflichen Daseins verkümmerten wie Pflanzen ohne Bewässerung, die Familie rückte an die letzte Stelle, die Kinder wurden als störend empfunden, wenn sie nicht wie geplant funktionierten. Luca glitt immer weiter in diese von ihm erschaffene Existenzblase und arrangierte sich mit der Einsamkeit. Das ging so lange gut, bis die Blase platzte und Luca die Diagnose Burn-out erhielt.

Ich bin heute nicht mehr mit ihm in Kontakt, aber ich frage mich schon, ob dieser Burn-out durch regelmäßige Zwiegespräche mit einem verständnisvollen und neutralen Gesprächspartner und Reflektor außerhalb der Familie hätte verhindert werden können. Ich bin davon überzeugt, dass Luca sich mit all der neuen Verantwortung und dem Gegenwind des Prozesses des Generationenwechsels im Grunde extrem einsam fühlte. Einsamkeit kann schließlich in jedem Alter und in jeder Lebenssituation auftreten. Wenn das Gefühl einer gewissen Einsamkeit in uns aufkommt, sollten wir dies als sehr klare Warnung verstehen. Es ist dann an der Zeit, aktiv zu werden, uns selbst zu reflektieren und den Kontakt zu anderen Menschen ganz bewusst zu suchen!

## Speguloreflexion

*Wann haben Sie sich das letzte Mal einsam gefühlt? Wenn Sie jetzt spontan meinen, dass Sie GANZ sicher nicht einsam sind als Führungskraft, empfehle ich, vielleicht noch einmal länger darüber nachzudenken …*

Verstehen Sie mich bitte nicht falsch, nichts liegt mir ferner, als Ihnen das Einsamkeitsgen aufzuzwingen! Es fällt mir nur schwer zu glauben, dass Sie als Führungskraft dieses so typische Gefühl nicht verspüren sollten. Vielleicht verstehen wir unter Einsamkeit ja auch nicht dasselbe. Einsamkeit im Job ist meiner Erfahrung nach ein Gefühl, das sich aus dem Fehlen emotional stabiler, wahrhaftiger Rückmeldungen heraus einstellt. Erhält man dieses wahre Feedback von seinem Umfeld nicht mehr, fühlt man sich schnell nicht mehr so richtig zugehörig.

Habe ich jetzt Ihre Aufmerksamkeit gewonnen? Können Sie sich mit dieser Art von Einsamkeit identifizieren, wenn die Mitglieder eines beruflichen Teams zwar körperlich anwesend sind, man selbst durch die Chefposition aber immer irgendwie außen vor ist? Ich selbst kann bis heute nicht exakt bestimmen, ab wann ich mich damals als Chef zunehmend einsam fühlte. Es war ein schleichender Prozess, der dann irgendwann in dem schmerzlichen Bewusstsein mündete, dass ich nicht wirklich dazugehörte. Ja, es war mein Unternehmen, und trotzdem verspürte ich diese diffuse Nichtzugehörigkeit, die Sie sicher gut nachvollziehen können.

## Remote Working steigert die gefühlte Einsamkeit

Dazu kommt: Die letzten Jahre haben nicht wirklich dazu beigetragen, die Tendenz zur Einsamkeit zu reduzieren, ganz im Gegenteil. Der Einsatz von Homeoffice-Lösungen, der durch die Coronapandemie enorm befeuert wurde, hat unseren zwischenmenschlichen Austausch eines wichtigen Elementes beraubt, nämlich des direkten, unmittelbaren Face-to-Face-Kontakts. Unsere »Remote Working«-Gespräche reduzieren sich auf das Wesentliche, der soziale Austausch nach einem Meeting findet schlichtweg nicht mehr statt. Bestehendes kann dabei natürlich sachlich abgewickelt werden, neue Kontakte jedoch sind auf diese Weise nur schwer anzubahnen.

Die digitalen Kommunikationswege ermöglichen den Austausch über große Distanzen hinweg, haben uns aber im Grunde nicht wirklich näher zusammengebracht. Die zunehmende Nutzung der sozialen Medien verstärkt diesen Trend auch noch im privaten Umfeld. Jeder Mensch ist, wenn er denn mag, 24/7 mit der ganzen Welt verbunden und kann sich trotzdem verdammt einsam fühlen. Einsamkeit ist in der Masse schwerer zu ertragen, als wenn man alleine ist, weil sie uns dann so überdeutlich, wie in einem Spiegellabyrinth, in allen möglichen Verzerrungen, aggressiv und direkt vor Augen geführt wird.

## Höher, schneller, weiter bringt nicht wirklich etwas

Als Führungskräfte an der Spitze sind wir meist allem Möglichem verhaftet und richten unser Leben vollkommen danach aus. Der Erfolg, das Ansehen, der Luxus, das Geld sind beliebte Triebfedern dieses »Höher-Schneller-Weiter-Kreislaufs«. Der Tunnelblick verengt sich dabei immer mehr, und wir werden unempfänglich für alles, was sich außerhalb dieser Sichtweise abspielt, nämlich das eigentliche Leben. An einem Ende des Tunnels der verheißungsvolle Lichtblick des schillernden Wohlstands, am anderen die Angst vor dem Versagen und die Depression. Daraus gibt es – wie es scheint – keinen Weg zurück. Oft sind wir getrieben von der eigenen Sucht, gestehen uns die uns zunehmend umhüllende Einsamkeit nicht ein und umgeben uns stattdessen mit oberflächlichen Beziehungen und Freundschaften, zumeist aus dem Arbeitsumfeld. So kann niemand erkennen, wie schlecht es uns wirklich geht, denn wir halten an dieser Täuschung sehr glaubhaft fest. Im Grunde aber täuschen wir vor allem uns selbst!

Als Single wird das alles noch schwieriger, weil auch zu Hause niemand ist, mit dem man sich, zumindest über private Belange, austauschen kann. In einer Beziehung, in der beide Partner Führungskräfte sind und vielleicht auch noch Kinder haben, eventuell aus verschiedenen vorherigen Ehen, kann es dann richtig kompliziert werden. Kommt dann noch ein offener Konkurrenzkampf zwischen diesen beiden Alpha-Menschen hinzu, ist der Crash meist vorprogrammiert. In der heutigen Zeit ist unser Beziehungsstatus schließlich nicht statisch, sondern verändert sich, zuweilen auch mehrfach im Laufe eines Lebens. Die Auswirkungen dieser Umstände kommen dann noch erschwerend hinzu. Jede noch so ausgefuchste Komplikation eines Chronographen wirkt dagegen wie ein Kindergeburtstag. In manchen Fällen bleibt nur mehr die freie Improvisation, um die eigene, höchst fordernde Führungsposition mit dem privaten, mittlerweile ganz normalen Wahnsinn unter einen Hut zu bekommen. Die Apokalypse ist in dieser Art von Beziehungen oft bereits eingetreten. Aber nach außen hin tut man natürlich so, als hätte man alles bestens im Griff. Was für eine Farce!

### Speguloreflexion

*Erkennen Sie sich in einem der geschilderten Szenarien wieder? Oder eventuell sogar in mehreren davon? Wenn ja, wie fühlen Sie sich dabei?*

## Die Führungskraft – der geborene Narzisst?

In der Fachpresse geht man oft davon aus, dass Narzissten oder Psychopathen häufiger in Führungspositionen vertreten sind als im Bevölkerungsdurchschnitt. Es handelt sich dabei aber trotzdem um eine Minderheit! Leider entsteht durch solche reißerischen Überschriften wie »Ist jeder CEO ein Psychopath? – Nein, aber es hilft!« der Eindruck, dass ausnahmslos alle Topmanager unweigerlich psychopatisch gefärbte Verhaltensweisen an den Tag legen würden oder dies sogar von ihnen verlangt wird.

Diese Art von Vorurteilen und Unterstellungen trägt ebenfalls dazu bei, dass Sie sich als Führungskraft einsam und isoliert und, ja, ab und an wohl auch etwas angeprangert fühlen. Ich gehe jetzt einmal davon aus, dass Sie keine derartigen pathologischen Neigungen haben. Ansonsten hätten Sie sich wohl kaum die Mühe gemacht, meinen Ausführungen bis hierhin zu folgen, und hätten sich mit großer Wahrscheinlichkeit gar nicht dazu herabgelassen, dieses Buch zur Hand zu nehmen, geschweige denn, es aufzuschlagen. Aber ich finde es wichtig, auch diesen Aspekt aufzuzeigen, da er das Gefühl der Einsamkeit unter Führungskräften massiv verstärken kann.

## Moralische Verantwortung und ihre Verwerfungen

Manchmal werden Sie auch, zum Wohle der Firma, in Ihrer neuen Position an der Spitze, unangenehme Entscheidungen treffen müssen, die eventuell Ihren bisherigen Moralvorstellungen widersprechen. Sie stellen fest, dass sich Ihre ethischen Maßstäbe jetzt zwangsweise verschieben müssen. Das schlechte Gewissen plagt sie fortan unentwegt, denn Sie haben betriebswirtschaftlich zwar richtig, aber moralisch doch verwerflich gehandelt. Auch mit diesem inneren Zwiespalt, zuweilen gegen Ihre eigenen Ideale vorgehen zu müssen, sind Sie wieder einmal weitestgehend allein und müssen neben all den anderen täglichen Belastungen damit irgendwie klarkommen. Vor sich selbst zu flüchten, ist dabei die schlechteste aller Reaktionen. Denn wer kontinuierlich vor sich selbst auf der Flucht ist, entwickelt meist das Bedürfnis, sich von Zeit zu Zeit »anders« zu spüren, in welcher Form auch immer. Die folgenden »üblichen« Klischees eilen den Alpha-Männern in Führungspositionen voraus, wobei ich viele Führungskräfte kenne, die genauso reagieren und diese Klischees tatsächlich ausleben.

- Jedem Manager seine Domina! – Auch die schmerzvolle Bestrafung ist eine Form der Beachtung, der Zuwendung. Für manche ist es auch ein Ablasshandel, so ähnlich, wie wenn man zur Beichte geht, wegen moralisch verwerflicher Entscheidungen, die zu treffen waren.
- Callgirls! In jedem Hafen eine andere Braut! – Dieses Mittel gegen die Einsamkeit erlaubt unverfängliche Intimität.
- Flucht vor der Einsamkeit durch Alkohol, Drogen – Kokain vor allem ist ein gefährliches Mittel, um auch unter Druck zu performen.
- Besuch im »Puff« – zwecks Geschäftsanbahnung, Pflege von Männerfreundschaften.

Was in dem Zusammenhang auch einmal gesagt werden darf: Den Frauen in leitender Position stehen diesbezüglich leider deutlich weniger Verlockungen zur Verfügung! Denn außer dem Escort-Service gibt es dazu kaum Angebote.

Wird dann einmal eine bekannte Führungskraft bei oben genanntem Tun entdeckt, stürzen sich die Medien mit Gusto auf solche Fälle, weil sie anhand dieser die menschlichen Abgründe genüsslich vorführen können und damit die Gemüter erregen, was wiederum die bitter nötige Auflage generiert. Eine Serie spektakulärer Todesfälle hochrangiger Funktionäre, der mysteriöse Sturz eines Bankers aus dem Fenster, Topmanager auf der Flucht sind weitere Themen, die immer wieder gerne aufgegriffen und den Leadern dieser Welt als Klischee umgehängt werden. Für die immer auch vorhandene inhärente Tragik dieser Schicksale hat jedoch niemand Verständnis. Es wird gar nicht darüber nachgedacht, welche inneren Gefühle und Befindlichkeiten hinter diesen Handlungen liegen könnten, es wird einfach sofort in Bausch und Bogen verurteilt.

Sehr oft werden von Unternehmern auch Vorkommnisse, die im Privatleben stattfinden, mit allen Kräften vertuscht, um das Gesicht nicht zu verlieren und ihr Unternehmen, koste es, was es wolle, vor einem Skandal zu bewahren. Das gelingt in vielen Fällen auch, aber die Unternehmerpersönlichkeit, die in einer solchen Situation nicht die Möglichkeit hat, sich zu öffnen und sich mit einem neutralen Zuhörer darüber auszutauschen, wird sich schnell vollkommen isoliert und zutiefst einsam fühlen.

Die erste Anlaufstelle kann in diesem Falle der Ganz-Ohr-Hase des Vertrauens sein, aber in weiterer Folge eventuell auch ein passender Spezialist, der die zuvor im Zwiegespräch klar definierten Problemstellungen fokussiert adressiert. Der Ganz-Ohr-Hase hilft also im ersten Schritt durch die angewandte Speguloreflexologie bei der Neuordnung der Gedanken, bevor der Spezialist übernimmt und bei der Erarbeitung konkreter Lösungen unterstützt.

Wer auf der Flucht vor sich selbst ist, versucht nichts anderes, als sich aus seiner Verantwortung zu stehlen. Hypengiophobie nennt man diese Angst vor der Übernahme von Verantwortung. Die Scheu vor und, daraus resultierend, die Vermeidung von Verantwortung treibt manche Menschen dazu, akribisch nach Möglichkeiten zu suchen, diese Verantwortung auf andere abzuwälzen, um eine momentane, wenn auch meist nur kurze Erleichterung herbeizuführen. Denn jede auch noch so kleine Flucht ist im Grunde pure Illusion! Dazu kommt: Die kontinuierliche Verdrängung jener Themen, die nach Klärung verlangen, führt in weiterer Folge oft zu Burn-out und damit zur ultimativen Handlungsunfähigkeit am Rand des Lebens. Das problematische »Äffchen« schnellstmöglich loszuwerden und es jemand anderem auf die Schulter zu setzen, ist im Führungsalltag eine beliebte Taktik. In vielen Fällen wird dadurch mehr Zeit darauf verwendet, Verantwortung zu vermeiden oder sie anderen in die Schuhe zu schieben, als diese selbst zu übernehmen. Denn es ist doch so viel angenehmer, sich für Erfolge feiern zu lassen, anstatt für Misserfolge zur Rechenschaft gezogen zu werden.

Der Kick vom Leben am Limit ist vollkommen verständlich, dabei gleichzeitig immer wieder die Risiken eines Absturzes minimieren zu müssen, kann auf Dauer jedoch ebenfalls zu Burn-out und Depression führen. Dieser Prozess des sich Selbst-Verlierens von Führungskräften erfolgt meist schleichend und ist lange Zeit kaum wahrnehmbar. Dafür ist die Erkenntnis umso frappierender, wenn sie dann – oft durch entsprechendes Feedback des Umfeldes – einsetzt und man sich selbst erkennen muss als das, was man wirklich ist.

Die folgende Geschichte zeigt deutlich, wie sich auf den ersten Blick höchst verworrene und schon verloren scheinende Situationen für die betroffene Führungskraft auflösen können, wenn sie denn schlussendlich bereit ist, in die volle Verantwortung zu gehen, sich zu öffnen und Verletzlichkeit zuzulassen. Nicht hinzuschauen ist eben auf Dauer kein Ausweg, reden und gehört werden jedoch schon!

## Zwiegespräch mit einem Unternehmer

*Vor einiger Zeit habe ich einen erfolgreichen älteren Unternehmer namens Clemens in einigen Zwiegesprächen begleitet. Als junger BWL-Absolvent hatte er den elterlichen Betrieb im Bereich Elektrotechnik mit einer Belegschaft von weit über 300 Beschäftigten übernommen und zu großen Erfolgen geführt. Nun wollte er ihn an eines seiner Kinder übergeben. Leider zeigte keiner seiner drei Sprösslinge auch nur das geringste Interesse – ganz im Gegenteil –, die Kinder drängten auf Verkauf. Diese Haltung zermürbte Clemens, wusste er doch, wie viel Arbeit, Verzicht und Mühe es über Generationen gekostet hatte, die Firma zum Erfolg zu führen. Doch er hatte niemanden, mit dem er darüber reden konnte. Die Belegschaft war in Schockstarre gegangen und schien schon mit dem Schlimmsten zu rechnen. Seine Frau Carla verfügte über keinerlei betriebswirtschaftliches Ver-*

*ständnis und stand daher als Sparringspartnerin nicht zur Verfügung. Sie sagte zwar, dass es allein seine Entscheidung sei, Clemens spürte aber, dass sie insgeheim hoffte, er würde den Betrieb schnellstmöglich verkaufen. Sie, genau wie die Kinder, war dieses Dauerstresses, den ein Familienbetrieb mit sich bringt, hochgradig überdrüssig. Ihr Mann konnte schließlich nie abschalten und hatte nur die Firma im Kopf. Carla badete natürlich gerne im sozialen Ansehen, das sie als Gattin des Unternehmers Clemens genoss, und die Kinder bekamen nicht wirklich mit, unter welchem Druck ihr Vater stand. Sie nahmen ihn einfach nur als abwesend war. Clemens war zwar beruflich wie privat von vielen Menschen umgeben, und doch fühlte er sich oft als einsamer Wolf, der allein auf weiter Flur den Überlebenskampf für sich und seine Familie und für seine Firma bestreitet. Er war sich immer der Tatsache bewusst, dass so viele Menschen von seinen beruflichen Entscheidungen abhingen. Und das machte ihm schwer zu schaffen. Die langjährige Einsamkeit an der Spitze seines Unternehmens hatte ihn müde gemacht!*

*In der Aufbauphase des Betriebes hatte er zuweilen versucht, der Einsamkeit mit kleinen Fluchten aus dem Alltag zu entkommen. Die Geschäftsessen mit Lieferanten oder Kunden zelebrierte er gerne und ausgiebig. Nach dem ersten Glas Wein verwandelte er sich in eine andere Person, und als solche konnte er dann nicht mehr damit aufhören. Das gemeinsame Besäufnis sorgte für eine stark sozialisierende Komponente, so entstand im Laufe der Jahre eine treue Gefolgschaft von Großkunden, die gerne mit ihm feierten. Dadurch, dass er so selten zu Hause war und oft erst spät abends in die Familienvilla zurückkehrte, entwickelte sich die Beziehung zu seiner Frau nach und nach zu einer rein platonischen Zweckgemeinschaft. Carla hatte sich damit seit langer Zeit abgefunden und kompensierte den Mangel an Zuwendung durch ihren Mann, indem sie ihre Abende mit Freundinnen verbrachte und sich ehrenamtlich ihrer eigenen Charity-*

*Organisation verschrieb. Kurz, Carla und Clemens lebten nur noch nebeneinander her und hatten so gut wie nichts mehr gemeinsam.*

*Eines Tages überredete sein langjähriger Freund Ludwig Clemens dazu, mit ihm und seiner Frau einen Swinger Club zu besuchen. Clemens fühlte sich in diesem Umfeld nicht wirklich wohl, das ungehemmte Treiben war seine Sache nicht. An der Bar kam er mit einer attraktiven Frau ins Gespräch, die ihm erzählte, dass sie nach mehreren unglücklichen Beziehungen keine solche mehr eingehen wollte. Hier im Swinger Club konnte sie ihre Leidenschaft ausleben, ohne Verpflichtung und ohne emotionale Verbindlichkeit. Clemens beobachtete gebannt, wie sie an diesem Abend gleich mit drei gutaussehenden jungen Männern in einem Raum verschwand. Clemens war ihr fasziniert gefolgt und sah von außen durch ein Guckloch zu. Diese leidenschaftliche Freizügigkeit beeindruckte ihn, es war aber nichts, was er selbst ausleben wollte. Es blieb für ihn bei diesem einen Besuch. Aber etwas hatte sich an diesem Abend in seinem Unterbewusstsein verändert.*

*So kam es, wie es kommen musste. Eine neue Sekretärin sollte seine langjährige Assistentin für einen längeren Zeitraum vertreten, da diese wegen eines schweren Unfalls im Krankenstand war. Clemens und Silvia fühlten sich sofort zueinander hingezogen. Ihr gepflegtes Äußeres, ihre guten Manieren und die sehr bedacht eingestreuten kompetenten Bemerkungen beeindruckten Clemens auf Anhieb. Er verlor sich in dem, was Silvia ihm spiegelte, und war für sie ein leichtes Spiel. Sie nutzte ihn aus und erschlich sich genau die Geschenke, die sie haben wollte. Clemens war Silvia total ausgeliefert und vergaß dabei sich selbst und seine Familie! Diese Frau schenkte ihm Aufmerksamkeit, auch wenn es nur für die Dauer eines weiteren Geschenkes war. Sie tat dies nicht aus bösem Willen, sondern aus einer tiefen narzisstischen Bedürftigkeit heraus. Clemens wiederum fühlte sich dadurch endlich wieder wertgeschätzt und war Silvia regelrecht verfallen. Trotzdem fühlte er sich innerlich einsamer als je zuvor. Die Kompensationsenergie »neue junge Liebe« funktionierte nicht wirklich.*

*Eines Tages informierte Silvia Clemens, dass sie von ihm schwanger war. Alle Kontrollparameter gerieten damit in extremste Schieflage, Clemens hatte nichts mehr unter Kontrolle, am wenigsten sich selbst. Schließlich gestand er Carla alles. Sie reagierte gefasst und nannte beinhart ihre Konditionen. Sie würde unter zwei Bedingungen bei ihm bleiben: wenn Silvia sofort das Unternehmen verließ und Clemens die Vaterschaft des Kindes nicht anerkennen und dieses auch niemals sehen würde. Clemens bezahlte einmalig eine hohe Summe als Schweigegeld an Silvia und verbat sich jeden weiteren Kontakt mit ihr. Seine Kinder wissen bis heute nichts von dieser Affäre und dass sie einen Halbbruder oder eine Halbschwester haben. Sie dürfen es auch nie erfahren, wie es auch in der Firma niemals herauskommen darf.*

*In genau diesem Stadium seines Lebens habe ich Clemens anlässlich eines Management-Kolloquiums kennengelernt. Ich merkte Clemens sofort an, dass er zwar nach außen die Fassade des gestandenen Geschäftsmannes aufrechterhielt, aber in der nonverbalen Kommunikation eindeutig nach Hilfe schrie. Er schien instinktiv zu spüren, dass ich jemand war, dem er sich anvertrauen könnte. Ich brauchte gar nichts zu tun. In der Pause kam er auf mich zu, und wir begannen ein lockeres Gespräch. Als ich ihm meine Visitenkarte reichte, bat er mich um einen persönlichen Termin. Bei unserer ersten Zusammenkunft in seinen Räumlichkeiten gestand er mir, dass er sich gedanklich andauernd im Kreis drehen würde, sich einsam, müde und resigniert fühlte und jemanden bräuchte, um diese Gedanken einfach einmal aussprechen zu können. Wir begaben uns in einen regelmäßigen Austausch und gingen die Dinge im bewussten Zwiegespräch eines nach dem anderen gemeinsam an. Wir beide wissen, dass ich ihm niemals sagen würde, was er wie wann zu tun hätte. Das wusste er selbst am besten. Aber dadurch, dass er in mir jemanden gefunden hatte, der ihm einfach wertfrei zuhörte, konnte er zum ersten Mal in seinem Leben Gedanken aussprechen, die er sonst mit absolut niemandem hätte teilen können. Allein das Aussprechen förderte bereits eine gewisse Strukturierung und Neuordnung, und vieles wurde ihm dadurch um einiges klarer. Einige Gespräche später hatte er selbst einen gangbaren Weg gefunden, wie er die Firma weiterhin im Familienbesitz behalten konnte und gleichzeitig die Führung an einen internen Führungsstab, den er aus loyalen Mitarbeitenden zusammengestellt hatte, abgab. Mit dem Zustandekommen dieser Regelung ist Clemens ein großer Stein vom Herzen gefallen, und er kann nun gelassener in die Zukunft blicken.*

*Es ist nicht an mir, Clemens' Leben und seine Entscheidungen zu bewerten. Ich war über einen bestimmten Zeitraum einfach als sein Reflektor für ihn da. In dieser Rolle war es eminent wichtig, auch für Clemens' private Gefühlswirrungen ganz Ohr zu sein, obwohl sie mit der finalen Entscheidung der Firmenweiterführung im Familienbesitz im Grunde nichts zu tun hatten. Aber ein Reflektor kann immer nur dem ganzen Menschen lauschen, der Kombination aus dem Businessman Clemens und dem privaten Clemens, der sich auch in privaten Belangen in eine extrem schwierige Position manövriert hatte, während er versuchte, die Zukunft seines Unternehmens in die richtigen Bahnen zu lenken. Der Mensch ist schließlich ein holistisches Wesen, und wer das nicht erkennt und beachtet, kann kein wahres und sinnstiftendes Zwiegespräch führen.*

## Nur der holistische Ansatz bringt uns weiter

Als ich die Geschichte von Clemens aufschrieb, wurde mir klar, dass ich in diesem Buch auch mich selbst betreffend einen holistischen Weg der Betrachtung einschlagen muss und möchte. Privates von Beruflichem zu trennen, das funktioniert auf Führungsebene nur ganz selten. Ich stelle hier ganz frech die These auf, dass diese strikte Trennung unmöglich, ja sogar utopisch ist. Ich bin zu dieser Erkenntnis gekommen, weil ich es am eigenen Leib erfahren habe. Somit macht es für mich auch keinen Sinn, meine privaten Gegebenheiten in diesem Buch außen vor zu lassen.

Während ich an diesem ersten Kapitel schrieb, ging es mir seelisch nicht besonders gut. Ich hatte gerade eine eigentlich wunderbare Beziehung beendet, von der ich dachte, dass sie für die Ewigkeit wäre, so gut haben wir uns auf Anhieb verstanden. Und doch war da etwas, was mich hat ausbrechen lassen. Ich haderte sehr mit mir und weiß, dass ich dieser Person sehr wehgetan habe. Mir scheint, das ist ein wiederkehrendes Muster in meinem Beziehungsleben. Das belastete mich und somit auch mein Schreiben. Ich kam nur schleppend voran, obwohl ich so viel zu sagen habe. Auf der anderen Seite stellte ich gleichzeitig dieses ganze Projekt infrage, weil ich ja eigentlich das Zuhören anpreise und Ihnen jetzt doch alle möglichen persönlichen Informationen und Überlegungen schriftlich übermittle. Aber das ist nun einmal das Wesen eines Buches!

Im Rahmen dieses Schreibprozesses habe ich erkannt, dass mein privates Beziehungselement einen mehr als direkten Einfluss auf dieses Buchprojekt hatte. Ich hatte mich für dieses Kapitel sehr intensiv mit dem Thema Einsamkeit befasst und habe mittlerweile verstanden, dass es die Einsamkeit war, die mich in diese Beziehung trieb. Nicht nur, aber zu einem großen Teil. Die Sehnsucht, gebraucht zu werden, für jemanden da sein zu können. Davor habe ich Müdigkeit verspürt, von der ich dachte, es sei körperliche Müdigkeit. Heute weiß ich, es war eine seelische Müdigkeit, die mich antriebslos gemacht hat. Die Müdigkeit, Selbstzweifel und ein angeschlagenes Selbstwertgefühl waren durch die Zweisamkeit auf einmal wie weggeblasen. Ich war, so schien es mir, endlich angekommen. Umso schmerzlicher war dann die spätere Einsicht, dass unsere Gemeinsamkeit nur eine temporäre sein könnte.

Ich bringe diese privaten Aspekte auch deswegen mit ein, weil die Einsamkeit, die wir am Arbeitsplatz empfinden, und die Einsamkeit, die wir zu Hause fühlen, im Grunde dieselbe ist. Wenn ich zu Hause keine Beachtung und Wertschätzung erfahren darf, liegt mein Selbstwertgefühl am Boden, und das wirkt sich auch im Beruf aus. Vielleicht wird es sogar dazu führen, dass ich besonders hart mit meinen Mitarbeitern umgehe und so meinen privat aufgestauten Frust abreagiere. Umgekehrt gilt es natürlich genauso, und die Familie muss unter dem im beruflichen Kontext zurückgehaltenen Ärger leiden, wenn dieser sich im privaten Umfeld endlich Bahn bricht. Auch diese Wechselwirkung habe ich erlebt, und zwar von beiden Seiten. Wir sind Menschen und keine Maschinen, und genau deshalb brauchen wir stets den holistischen Ansatz.

Die für einen Psychopathen typische Gefühlskälte tritt nicht bei jedem Menschen auf, und als halbwegs empathische Person steckt man private Rückschläge nicht einfach so weg. Mir fällt in dem Zusammenhang auf, dass ich seit meiner zweiten Scheidung oft den Satz sage: »Ich habe kein Zuhause.« Was de facto nicht stimmt, ich habe sogar zwei Wohnsitze in zwei verschiedenen Ländern. Aber es ist eine tiefe Sehnsucht in mir, die mich treibt, ein richtiges Zuhause zu schaffen für mich und meine Kinder, für Freunde und Familie, für alle, die kommen wollen. Ein Zuhause, in dem ein

Zusammensein möglich ist, aber nicht sein muss, ein wahrer Ort der Begegnung und der Zuflucht für uns alle.

Ich durfte auch erkennen, dass es sich hierbei um nichts anderes handelt als den Versuch, das Gefühl der Einsamkeit zu sublimieren. Ich könnte genauso sagen: »Ich bin einsam. Bitte nehmen Sie mich wahr.« Und obwohl ich selbst sehr oft mit verschiedenen Sparringspartnern in intensive Zwiegespräche gehen darf, ist eine gewisse Grundeinsamkeit doch immer vorhanden. Ich habe fünf wunderbare Kinder, wirklich ganz fühle ich mich aber erst, wenn wir alle zusammen sind. Das kommt leider äußerst selten vor, weil zwei davon in Luxemburg leben und die drei jüngeren in Österreich.

In der Einsamkeit hingegen erschien mir das Leben manchmal sinnlos. Die harten Lockdowns während der Coronapandemie haben diese Gedanken sehr oft in mir aufkommen lassen. Ich habe mich zu der Zeit in meine Sammelleidenschaft geflüchtet. Heute weiß ich, das Wichtigste überhaupt ist es, sich nicht fortwährend selbst zu belügen und in irgendwelchen Fluchten zu verlieren, wie Clemens es beispielsweise mit Silvia tat. Das Leben ist eigentlich sehr klar, sehr einfach und sehr deutlich. Wir haben nur eine einzige Aufgabe, nämlich unser Leben zu leben! So banal das einerseits klingen mag, so schwierig ist es andererseits. Die meisten Menschen leben das Leben von jemand anderem, von Eltern, von Lebenspartnern oder von irgendwelchen Gurus, denen sie nacheifern. Damit meine ich nicht nur Gurus im esoterischen Sinn, sondern auch die vielen Management-Gurus, die sich in den Unternehmen und auf den beruflichen Bühnen dieser Welt tummeln. Ich kann Ihnen an dieser Stelle nur raten: Seien Sie Sie selbst, es lohnt sich!

Merken Sie, was gerade passiert? Wir sind bereits mitten in einem Zwiegespräch! Und genau deswegen braucht es eben die schon erwähnte holistische Herangehensweise. Wir könnten kein wahrhaftiges Zwiegespräch führen, zu dem ich Sie zu Beginn dieses Buches ja eingeladen habe, wenn nicht alle unsere Gefühle, seelischen Zustände, emotionalen Befindlichkeiten ebenso einfließen wie betriebswirtschaftliche Überlegungen. Denn sie alle machen uns in unserer Gesamtheit aus. Jede Vision und jede strategische Entscheidung wird vom ganzheitlichen Befinden des jeweiligen Entscheidungsträgers beeinflusst. Ziel eines Zwiegespräches auf Augenhöhe ist es, diese Elemente zu transzendieren und die Quintessenz der Fragestellung herauszuarbeiten. Denn in der richtigen Frage liegt zugleich auch die richtige Antwort!

Deshalb lasse ich Sie hier an meinen doch sehr privaten Gefühlswirrungen teilhaben. In einem echten Zwiegespräch ist das unausweichlich, denn es basiert auf totalem Vertrauen. Erst dann kann ein offener Dialog stattfinden. Erst, wenn man sich öffnet und Verletzlichkeit zulässt, kann man die Dinge sehen, wie sie tatsächlich sind. Erst dann lässt die Einsamkeit – ein wenig – nach. Als Clemens auch seine tiefsten privaten Geheimnisse vor mir ausbreiten konnte, konnte er schließlich zu neuer Klarheit und Wahrheit gelangen, die für sein Unternehmen richtige Entscheidung treffen und seiner zunehmenden Einsamkeit an der Spitze entkommen.

Im nächsten Kapitel widmen wir uns einer anderen Art der Einsamkeit, nämlich jener, die entsteht, wenn man sich als Führungskraft zunehmend isoliert fühlt, da niemand sich mehr traut, wirklich Klartext zu reden.

# Kapitel 2

## Wenn niemand Klartext spricht – warum gefilterte Rückmeldungen uns nicht weiterbringen

*Einsamkeit, gepaart mit dem Modus Operandi der gefilterten Rückmeldung, führt dazu, dass es im Führungsalltag immer schwieriger wird, den Durchblick zu behalten und die richtigen Entscheidungen zu treffen.*

In diesem Kapitel geht es unter anderem um Blasenprobleme! Nein, es handelt sich um eine völlig andere Thematik als jene, an die Sie jetzt vielleicht denken. Und doch gibt es Gemeinsamkeiten. Denn es geht um gewisse Tabuthemen, über die grundsätzlich nicht gerne geredet wird. Im Falle von echter medizinischer Inkontinenz wenden Sie sich bitte an Ihren Arzt oder Apotheker, denn damit kenne ich mich nicht aus. Womit ich jedoch viel Erfahrung habe, das sind die Filterblasen des Lebens. Oder – in unserem Fall – vor allem die Filterblasen des Führungslebens. In diesem Kapitel wollen wir uns daher vorrangig jenen Filterblasen widmen, in denen Sie sich als Führungskraft allzu schnell und unbeabsichtigt wiederfinden. Sie kennen das vermutlich nur zu gut, oder nicht?

## Die Macht der Algorithmen bringt Ohnmacht mit sich

Im Internet entstehen Filterblasen durch entsprechende Algorithmen von Facebook, Twitter, Instagram und natürlich von Google, der Mutter aller Suchmaschinen. Das Phänomen ist hinlänglich bekannt und wurde mannigfaltig untersucht. Wir alle kennen doch dieses unangenehme, beengende Gefühl, wenn nur noch Informationen und Updates im Feed aufscheinen, die in eine ganz bestimmte inhaltliche Richtung gehen und alles andere einfach rigoros ausgeblendet wird. Wir werden damit, meist ohne es zu wollen, in die Mitte einer immensen Filterblase katapultiert, die uns mit ihrem inhaltlichen Einheitsbrei gnadenlos im Griff hat und uns kaum mehr über den Tellerrand blicken lässt. Unser jeweiliges Silo gibt uns vor, was wir zu wissen haben oder nicht!

Ich finde, das ist fatal. Denn dadurch bekommen wir einen ewigen Reigen unserer eigenen Überzeugungen, Weltbilder und Ansichten gespiegelt, von denen vom System, also dem heiligen Algorithmus, einfach angenommen wird, dass allein sie unsere Interessen abbilden. Eine umfassende, breitflächige Reflexion wird somit unmöglich. Sie bekommen nur noch das gezeigt, was Sie sowieso schon kennen. Sie leben in einer Meinungsblase, in der Ihre eigene Auffassung immerfort bestätigt wird und keinerlei kontroverse Diskussion stattfinden kann. Sie sind also informationsferngesteuert und damit unfrei. Solange wir uns im Unterhaltungsbereich bewegen, mag diese Informationsselektion via Algorithmus ja vielleicht sogar von Vorteil sein, weil vieles, was uns in unserem oftmaligen Kleingartendenken sowieso nicht interessiert, automatisch ausgefiltert wird und uns dadurch erspart bleibt. Im professionellen Umfeld jedoch bergen diese kuratierten Informationen große Gefahren.

## Filterblasen – das pure Gegenteil eines Zwiegesprächs

In Managementkreisen spricht man dann von »gefilterten Rückmeldungen« oder »Isolationsblasen«, und sie tun uns Führungskräften gar nicht gut. Denn nur äußerst selten erhält das Topmanagement ehrliches, realistisches Feedback von seinem Umfeld, und wenn doch, werden diese Rückmeldungen oft nicht ernst genommen, weil die Filterwirkung bereits zu tief sitzt. Da man ja schon eine Weile in seiner BLASE umherschwimmt und aufgrund der permanenten Filterwirkung die wahren Gegebenheiten nur noch vernebelt wahrnehmen kann. Und genau hier liegt die enorme Gefahr!

Wenn die »Beletage« der Führung realitätsfremd mehr und mehr die Bodenhaftung verliert und in gewisser Selbstüberschätzung von ihrem Umfeld nur noch beweihräuchernd gespiegelt wird, kann so manch eine Führungskraft, allein durch diese Wahrnehmungsunterschiede, am eigenen Erfolg scheitern. Diese Informationsdefizite, oft auch gepaart mit veritabler Geheimnistuerei gewisser beruflicher Protagonisten, haben zur Folge, dass die Führungskraft quasi auf sich selbst zurückgeworfen ist. Daher vertraut sie kaum jemandem mehr, außer eventuell der einen oder anderen Person aus ihrem allerengsten Umfeld. Dadurch werden Führungskräfte geradezu in eine eigene Welt gedrängt, mit speziellen Wertvorstellungen, die oftmals von den Mitarbeitenden nicht geteilt werden. Gar nicht geteilt werden können, da diese Informationen aufgrund der beidseitigen Blasen-Wirksamkeit niemals bis zu den Mitarbeitenden vordringen. Es gab im Bereich des Recruitings sogar einmal die Tendenz, branchenfremde Manager alleine wegen ihrer anerkannt hohen organisatorischen Talente bei anderen Unternehmen abzuwerben. Und zwar in der irrigen Annahme, dass diese dann an der neuen Stätte ihres Wirkens Strukturen und Entscheidungsprozesse automatisch optimieren würden. Ohne jegliche Branchenerfahrung, weil sich dadurch frischer Wind und neue, von Insiderwissen noch nicht »verunreinigte« Impulse erhofft wurden!

Ich denke, es ist klar, dass diese damaligen »en vogue«-Experimente von Anfang an zum Scheitern verurteilt waren. Wenn dann zusätzlich weder Austausch noch unabhängige Reflexion stattfindet, führt dies unweigerlich zu massiven Fehleinschätzungen vonseiten der Führungskraft und im schlimmsten Fall zu Fehlentscheidungen respektive Fehlinvestitionen. Wie kann es dazu kommen? Auf der einen Seite ist da die galoppierende Angst der untergeordneten Führungsetagen und ihrer Führungskräfte, mit ihrem höchsten Chef Klartext zu sprechen. Diese Angst bremst jegliche Initiative aus, die Blase zu durchstechen und in Wahrheit und Klarheit beim Oberboss vorzusprechen. Auf der anderen Seite haben wir es mit der Liebe zur Macht und dem daraus resultierenden Machtstreben der höchsten Führungskräfte zu tun. Eine solche Machtposition lebt sich aus dem sicheren Umfeld der Blase natürlich leichter als im allgemeinen Geschehen. Kommt es dann wirklich einmal zu einer eklatanten Fehlentscheidung der obersten Unternehmensführung, können wir als Reaktion in der Regel zwei Arten des Rückzugs erkennen.

## Rückzug macht einsam

Zum einen ist da der Rückzug der Belegschaften aus Angst vor der »allmächtigen« Chefetage. Die Angst vor Zurückweisung oder Bloßstellung, die Angst, Risiken einzugehen, wenn man doch einmal ungefiltert Rückmeldung über den Zustand einer geschäftlichen Situation gibt. Die Angst, sowieso nicht gehört zu werden, im Glauben, dass individuelle Vorschläge und andere Meinungen grundsätzlich keine Beachtung finden. Zum anderen gibt es dann den Rückzug der Führungsetage bzw. der Führungskräfte selbst aus einer egogetriebenen Hybris heraus. Texte und Abhandlungen zu Egomanie und Narzissmus gibt es zuhauf, ich denke, darauf brauche ich an dieser Stelle nicht näher einzugehen. Was ich Ihnen jedoch anbieten möchte, sind ein paar Anregungen, wie man sich der eigenen Selbstüberschätzung bewusst werden kann. Soweit das überhaupt möglich ist, da ein Hardcore-Narzisst sich per se ja niemals infrage stellt, sondern immer nur die anderen.

Richtig gefährlich wird es, wenn der Egozentriker in seiner Blase für Ruhm, Anerkennung und Bestätigung bereit ist, Grenzen zu überschreiten und vor bewusster Manipulation nicht zurückschreckt. Aber es gibt ja Gott sei Dank auch bei der Egozentrik Abstufungen, und so können wir mit ein paar einfachen Mitteln feststellen, ob wir als Führungskraft dabei sind, den Egomanen in uns zu nähren. Einen solchen Selbstcheck regelmäßig durchzuführen, ist wichtig, denn inmitten unserer Blase ist es nur zu leicht, den Überblick zu verlieren.

Das ist zum Beispiel der Fall, wenn wir keine Persönlichkeitsentwicklung mehr zulassen, wenn wir uns schnell persönlich angegriffen fühlen, oder wenn es uns zunehmend schwerfällt, Empathie gegenüber anderen zu empfinden. Wir verdecken unsere eigenen Fehler und tarnen sie hier und da geschickt mit kleinen Lügen. Wir glauben, im Mittelpunkt zu stehen und bemerken gar nicht, wenn die ersten Personen unseres Umfeldes sich von uns, den vermeintlichen Narzissten, abwenden. Aber auch die wirklich netten Chefs und Chefinnen werden oft gemieden und mit rein gefilterten Rückmeldungen quasi »bestraft«, einfach deswegen, weil sie Vertreter des Genres »Chefitäten« darstellen. Das scheint ein sehr verbreitetes Verhaltensmuster zu sein, dem sich vonseiten einer Führungskraft so schnell nichts entgegensetzen lässt. Umso wichtiger ist es, sobald wir merken, dass die Isolation zunimmt, regelmäßig die Verbindung und den Kontakt mit zuverlässigen Buddys oder Besties zu suchen. Menschen, die unsere Sparringspartner und Reflektoren sind, die uns Paroli bieten und uns auch einmal sehr direkt die Meinung sagen. Uns also ungefiltertes Feedback geben! Am besten in einem echten und ehrlichen Zwiegespräch, das uns zum Nachdenken bringt und uns immer wieder in Demut und Dankbarkeit zurück auf den Boden der Tatsachen bringt.

## Speguloreflexion

*Haben Sie in Ihrem Führungsalltag, in Ihrem Leben, eine solche Person, einen echten Sparringspartner, der mit Ihnen Klartext spricht? Oder sitzen Sie einsam und uninformiert inmitten einer Blase?*

## Wenn automatisch Distanzierung einsetzt

Führungskräfte, die sich mehr und mehr durch die eben beschriebenen Umstände in ihre Blasen zurückziehen und dadurch den Kontakt mit ihren Belegschaften verlieren, sind nicht greifbar und spürbar. Das führt bei ihren Mitarbeitenden zu Demotivation, Frustration und in weiterer Form zum fortschreitenden Zustand der inneren Kündigung, was fatale Folgen für den gesamten innerbetrieblichen Informationsaustausch haben kann. Die Dynamik der ganzen Firma leidet darunter, was oft bis hin zum Kunden deutlich spürbar wird, wenn die Haltung »Dienst nach Vorschrift« überhandnimmt. So etwas kann sich heutzutage kein Unternehmen leisten, die Mitarbeitermotivation darf nicht »von oben« mutwillig im Keim erstickt werden, was durch das isolierte Dasein vieler Führungskräfte jedoch schon fast zur Tagesordnung gehört.

Dieses Phänomen der Distanzierung betrifft ausnahmslos alle Führungsebenen, nicht nur die ganz oben und die ganz unten, sondern auch alle dazwischen. Das Phänomen tritt ausnahmslos und automatisch immer dann auf, sobald jemand eine Führungsrolle übernimmt, egal, aus wie vielen Mitarbeitenden das zu führende Team besteht. Die Führungskraft steht plötzlich im »Außen«, gehört nicht mehr dazu, ist sozusagen zum »höheren Wesen« mutiert, zu dem man ganz automatisch auf Distanz geht und das man anders als bisher behandelt. Und schon treten die Dynamiken der gefilterten Rückmeldungen auf und spielen ihre standardisierten Muster durch! Es ist nicht einfach, aus diesen Automatismen auszubrechen und ihnen entgegenzutreten. Vor allem, weil man als neue Führungskraft nicht sofort mitbekommt, was da genau vor sich geht und dass die Isolation schleichend einsetzt. Wer sich diesem automatischen Phänomen erfolgreich entgegenstellen will, kann dies nur über das

Zulassen der Verletzlichkeit, des sich Preisgebens, der gegenseitigen Wertschätzung, des Menschseins erreichen.

Mit der in Führungskreisen weitverbreiteten Tschakka-Mentalität werden die Fronten sich langfristig nur verhärten. Wer als Führungskraft die Filterblase hinter sich lassen will, sollte nicht künstlich auf »Motivation« machen, sondern auf die Belegschaften zugehen, Verantwortung übernehmen, eigene Fehler zugeben und anderen ebenso Fehler zugestehen. So funktioniert konstruktive Teamarbeit, wo jeder seine Aufgabe hat und sich den respektiven Kompetenzen entsprechend auf alle anderen verlassen kann. Dazu kommt: Wenn alle formulierten Ziele erreicht werden, sollte das unbedingt gemeinsam gefeiert und honoriert werden. Ich kann jeder Führungskraft nur ans Herz legen, immer wieder bewusst von ihrem hohen Olymp herabzusteigen und an diesen gemeinsamen Erfolgsfeiern teilzunehmen! Wer dies nicht will oder nicht mehr kann, verstrickt sich nur noch stärker im Dickicht der Isolation und riskiert, den Anschluss zu den Mitarbeitenden, die schließlich der Schlüssel zum Erfolg sind, endgültig zu verlieren.

## Man ist nie nur Führungskraft

Vor allem dürfen wir auch hier nie vergessen, dass der Mensch, egal, welche Funktion er beruflich gerade einnehmen mag, ein holistisches Wesen ist und wir ihn immer als solches betrachten sollten. Die Reduktion auf eine einzige Funktion in einer spezifischen Umgebung wird uns Menschen in der Gesamtheit nicht gerecht! Dafür sind wir zu vielfältig in unseren Interessen und Handlungen. Damit will ich ausdrücken, dass die einseitige Betrachtung einer Führungspersönlichkeit nicht fair ist! Es ist denkbar und sehr wahrscheinlich, dass ein Firmenchef zugleich begeisterter Fußballspieler ist und in seinem lokalen Verein die Rolle des Verteidigers innehat. Er untersteht in dieser Konstellation seinem Kapitän, dem Trainer und dem Schiedsrichter, im Privatleben unter Umständen seiner Frau und der Hauskatze. Umgekehrt betrachtet kann ein Heizungsmonteur in seiner Gemeinde das Bürgermeisteramt bekleiden und in dieser politischen Funktion die Geschicke von mehreren Tausend Haushalten lenken.

Sie sehen, wir haben es hier mit Funktionsvielfalten zu tun, die sich im Laufe eines Lebens immer wieder verändern werden, da wir Menschen uns im steten Wandel befinden. In seiner Jugend war ein heutiger CEO vielleicht Messdiener oder Zeitungsausträger, hat während seines Studiums gekellnert oder steht heute noch beim Dorffest ehrenamtlich im Bierzelt hinter der Theke. Wieder andere Führungspersonen sind unter Umständen zu Hause passionierte Gärtner und Gärtnerinnen, liebevolle Eheleute, Eltern von drei Kindern, haben aber im Hauptberuf die Leitung eines Krankenhauses inne und sitzen vielleicht auch einer gemeinnützigen Organisation vor. Sie können und dürfen niemals nur auf die Rolle der Führungskraft in der Blase reduziert werden! Sich dessen immer wieder bewusst zu werden, obliegt sowohl den Führungskräften auf ihrem »Führungsthron« – auf den sie zugegebenermaßen auch durch das plötzlich devote Verhalten ihrer Belegschaften gesetzt werden – als auch den Mitarbeitenden selbst, die sich immer wieder daran erinnern sollten, dass eine Person niemals nur Führungskraft ist! Diese neuen Betrachtungswinkel können rasch dafür sorgen, dass die Distanz zu schwinden beginnt und echter, ungefilterter Austausch möglich wird.

### Speguloreflexion

*Fragen Sie sich am besten immer wieder, auch im Umgang mit anderen Führungskräften, wie es gelingen kann, sich all dieser hemmenden Filter zu entledigen. Dabei gilt: Wenn wir uns füreinander interessieren, kommen wir einander näher, und in neuem gegenseitigem Respekt und wahrer Wertschätzung klappt es dann auch besser mit echter und wirksamer Kommunikation.*

Es ist mir klar, das alles schreibt sich sehr viel leichter, als es in der Praxis umzusetzen ist, denn in den heutigen unternehmerischen Organisationen verfallen alle Mitwirkenden nur allzu leicht in das schon beschriebene Schema zwischen Führungskräften und ihren Teams. Ich maße mir auch gar nicht an, im Sinne einer wundersamen Methodik, die alle diese vertrackten Verhaltensmuster aufzulösen imstande wäre, eine allgemeingültige Lösung anzubieten. Vielmehr will ich mit diesen Zeilen einzig und allein Bewusstsein dafür schaffen, dass wir alle Menschen sind. Menschen mit individuellen Stärken und Schwächen, in verschiedenen Konstellationen, die immer wieder völlig neue Rollen einnehmen können. Wobei es natürlich einen riesigen Unterschied macht, ob diese »Rollenspiele« in der Freizeit stattfinden oder im beruflichen Umfeld. Wenn Einkommen und Existenz von einem bestimmten Vorgesetzten abhängen, ist man klarerweise stärker emotional von dessen Verhalten betroffen, ja sogar abhängig. Man möchte dann nichts Falsches tun, nichts Falsches sagen und greift aus Angst wieder einmal auf das Schema der massiv gefilterten Rückmeldung zurück. Sie sehen, wir haben es hier mit einem tief etablierten, intensiven Kreislauf zu tun, der nur sehr schwierig zu durchbrechen ist.

Deshalb ist es, wie vorhin bereits erwähnt, so wichtig, dass wir uns öffnen und Verletzlichkeit zulassen, bei uns selbst als Führungskraft, aber auch bei unseren Mitarbeitenden. Denn erst dadurch kann wahre menschliche Nähe entstehen, jenseits von falscher Scham und aufgesetzter Etikette. Sich auf diese Weise offen und eventuell auch einmal verletzlich zu zeigen, ist jedoch gar nicht so einfach.

## Die Herausforderung des »Sich-Öffnens«

So manch einer möchte sich am Arbeitsplatz grundsätzlich emotional nicht öffnen, und zwar nicht unbedingt aus Angst oder Scham. Viele haben zum Beispiel überhaupt nicht das Bedürfnis, mit ihren Kollegen, mit denen sie sowieso schon den ganzen Tag zusammenarbeiten, obwohl es bei den privaten Interessen keine Überschneidungen gibt, nach der Arbeitszeit zusammen etwas trinken zu gehen oder gar gemeinsame Betriebsausflüge zu absolvieren. Dabei wäre es so wichtig, auf diese Weise die definierten Werte einer Organisation auch einmal in einem eher privaten Kontext gemeinsam auszuleben. Ich finde in diesem Zusammenhang immer, dass es sowieso an ein Wunder grenzt, wenn es dem Management gelingt, die Werte einer Firma verständlich zu definieren und sie der Belegschaft glaubhaft und nachhaltig zu vermitteln. Denn ich kann als Führungskraft keine Werte weitervermitteln, wenn ich sie nicht selbst lebe. Ich kann auch keine Wertebindung schaffen, wenn die Belegschaft die Werte mangels gezielter Kommunikation dazu vielleicht gar nicht kennt.

Die Voraussetzung, damit der Transfer des gemeinsamen Wertegedankens gelingen kann, ist daher regelmäßige und achtsame Kommunikation! Und im Rahmen von Gesprächen vor allem das Zuhören, das Wahrnehmen, das Interesse. Kommunikationsfähigkeit und Flexibilität sind nun einmal wichtige Führungsqualitäten, die die Führungskompetenz definieren. Die diesbezügliche Vorbildfunktion einer Führungskraft ist niemals zu unterschätzen, ansonsten droht der völlige Verlust der Glaubwürdigkeit. Und wie wollen Sie den Wertekatalog Ihres Unternehmens glaubwürdig top-down vermitteln, wenn Sie sich mehr und mehr inmitten einer Filterblase befinden und zu niemandem mehr durchdringen, weil sich der Großteil Ihrer Mitarbeitenden aus diesen und jenen Gründen dafür gar nicht öffnen kann oder will?

## Fatale Entscheidungen durch ungefilterte Rückmeldungen

All das trifft natürlich nicht nur auf die Wirtschaftsebene zu, sondern auch auf alle anderen denkbaren Strukturen. Wir alle kennen die Berichte der internationalen Presse, die davon ausgehen, dass der russische Präsident Vladimir Putin keine objektiven Rückmeldungen mehr bekommt, weil alle ihn umgebenden Personen Angst vor Repression haben. Mehr Filterblase geht nicht, was speziell in diesem Fall fatale Auswirkungen auf die gesamtpolitische Situation in Europa und den Rest der Welt hat! Ich bin überzeugt, dass überall an oberster Stelle Entscheidungen getroffen werden, die von außen nur schwer nachvollziehbar sind und von denen zuhauf menschliche Schicksale abhängen. Eigene Unzulänglichkeiten werden, gerade im politischen Milieu, nur zu gerne mit übertriebenem narzisstischem Gehabe übertüncht. Grundsätzlich gilt: Einsamkeit, gepaart mit dem Modus Operandi der gefilterten Rückmeldung, führt dazu, dass es im Führungsalltag immer schwieriger wird, den Durchblick zu behalten und die richtigen Entscheidungen zu treffen.

## Die völlige Abschottung der Geschäftsleitung

*Ich bin langjähriger Kunde einer Firma, die Nahrungsergänzungsmittel herstellt und ausschließlich online vertreibt. Die Produkte haben eine außerordentlich hohe Qualität. Das ist auch der einzige Grund, warum ich sie immer noch bestelle. Denn der Kundenservice dieser Organisation ist quasi inexistent. Seit einigen Jahren gibt es nicht einmal eine Telefon-Hotline, an die man sich bei Problemen wenden kann, im Falle von Problemen steht eine E-Mail-Adresse zur Verfügung, die restlos überlastet ist, und oft wird erst nach Wochen auf Beschwerden reagiert. Ich hoffe bei jeder Bestellung, dass die Lieferung klappt und ich nicht in den Albtraum des Urgierens einsteigen muss. Die Pünktlichkeit und Verlässlichkeit der Anlieferung hat über die Jahre sukzessive abgenommen, daran hatte ich mich – wenn auch widerwillig – gewöhnt. Vor Kurzem jedoch schoss dieses Unternehmen den logistischen Vogel ab.*

*Eine Bestellung war nach weit über einer Woche trotz zugesagter Lieferung innerhalb von zwei Tagen nicht angekommen. Ich musste zu diesem Zeitpunkt einige Tage verreisen und ging naiv davon aus, die Sendung wäre bei meiner Rückkehr eingetroffen. Ich fand zu Hause jedoch kein Paket vor und auch keine wie auch immer geartete Information zur ausstehenden Lieferung. Also checkte ich die Tracking-Nummer und erfuhr zu meiner Überraschung, dass die Lieferung bereits erfolgt wäre.*

*Verwundert begab ich mich zur lokalen Poststelle und bat um Rückverfolgung der Sendung. Es stellte sich heraus, dass während meiner Abwesenheit ein Zustellversuch un-*

*ternommen worden war. Da man mich nicht antraf, nahm der Bote das Paket wieder mit. Dabei wurde es scheinbar so stark beschädigt, dass es nicht noch einmal zugestellt werden konnte und schnurstracks zurückgesendet wurde. Der Lieferbote hatte außerdem eine Notiz hinterlassen, dass die Verpackung extrem unzulänglich war und deswegen das mehrfache Handling nicht überlebt hatte. Ab diesem Moment verlor sich die Spur meiner Sendung im Nichts! Es blieb mir nichts anderes übrig, als mich mit der Story dieser Odyssee an die überlastete Mail-Hotline zu wenden. Die wurde ihrem schlechten Ruf prompt gerecht, ließ eine automatisierte Rückantwort vom Stapel, dass die Nachricht eingegangen sei und man sich melden würde. Danach: Schweigen im Walde! Da ich diese Produkte bereits bezahlt hatte, kam Aufgeben nicht infrage. Über einen Online-Presseartikel fand ich den Namen des CEO heraus und schrieb ihn persönlich an. Und siehe da: Es passierte etwas. Ich erhielt – ohne sonstige Kommunikation zu dieser Causa – eine dieses Mal professionell und stabil verpackte Lieferung. Meine Freude darüber erhielt beim Auspacken einen gewaltigen Dämpfer, als ich feststellte, dass drei Produkte fehlten! Wieder wandte ich mich – jetzt wirklich wütend, was sich auch aus meiner Diktion ablesen ließ – direkt an den CEO. Dieser ließ sich zwar nicht dazu herab, mir mit einer Entschuldigung zu antworten, aber immerhin kamen die drei fehlenden Produkte nach einer weiteren Woche bei mir an. Ich verfüge nun über Vorrat für einige Monate, aber ob ich noch einmal in die negative und chaotische Bestellwelt dieses Unternehmens einsteige, muss ich mir noch sehr gut überlegen.*

## Die Unternehmensleitung im vermeintlichen Glück ihrer Blase

Es handelt sich bei dieser Story um kein weltbewegendes Beispiel aus der internationalen Unternehmenswelt oder der hohen Politik. Aus genau diesem Grund habe ich es gewählt. Denn es sind so oft die kleinen Dinge, die schiefgehen, die die Reputation eines Unternehmens langfristig zerstören. Ich habe aus Neugierde die Social-Media-Kanäle dieser Firma gecheckt und war nicht wirklich erstaunt, zahlreiche Schilderungen verzweifelter und teilweise wütender Kunden aufgrund heftiger Lieferprobleme vorzufinden! Das Problem MUSS in dieser Organisation also hinlänglich bekannt sein, scheint die Entscheidungsträger, die daran etwas ändern könnten, aber in keinster Weise zu erreichen.

Wie abgehoben, wie abgeschottet muss eine Geschäftsleitung sein, um nichts von alledem mitzubekommen und somit auch nichts unternehmen zu können, um die internen Strukturen neu zu ordnen. Es macht absolut keinen Sinn, die Bestandskundschaft überheblich zu verprellen und parallel dazu durch aufwendige Social-Media-Maßnahmen irre viel Geld in die Akquise von Neukunden zu investieren. Das beste Marketing ist nun einmal die Zufriedenheit der bestehenden Kunden! In diesem Unternehmen, da bin ich ganz sicher, werden alle negativen Vorfälle vom Kundendienst eifrig unter den Tisch gekehrt, Rückmeldungen finden überhaupt nicht statt. Denn dann steht man gut da, hat kaum Negatives zu berichten und muss sich vor allem nicht rechtfertigen. Die Geschäftsleitung in ihrer Blase wähnt sich im Glück, und alles ist gut. Nichts ist gut.

Dabei gilt aber auch: Eine total durchgefilterte Rückmeldung an Sie als Führungskraft ist immer noch besser, als gar keine Rückmeldung zu erhalten. Wenn ich mir einer Sachlage zumindest ansatzweise bewusst bin, kann ich versuchen, zwischen den Zeilen zu lesen, die versteckte Botschaft zu erkennen und somit zu extrapolieren, was jemand mir damit sagen möchte. Bestehen Sie als Führungskraft deswegen immer darauf, regelmäßig aus allen Bereichen, die Sie leiten, Rückmeldungen zu erhalten, auch wenn es sich oft um die gefilterte Variante handeln sollte. Bekommen Sie gar kein Feedback, wird es nämlich so richtig schwierig im Führungsuniversum. Mangelndes Feedback bedeutet ja im Grunde nichts anderes als mangelnde Wertschätzung und das Gefühl, nicht mehr präsent zu sein. Wer sich so fühlt, zieht sich unweigerlich immer tiefer in die eigene Blase zurück und gibt sich nur noch mit Menschen ab, die das spiegeln, was man sehen möchte, alles andere wird ausgeblendet und nicht mehr beachtet. Für Führungskräfte, die ja angetreten sind, um den größtmöglichen Erfolg für sich selbst und ihr Unternehmen zu haben, ein nicht wirklich empfehlenswerter Weg.

# Kapitel 3

# Es zählt nur der Erfolg – aber welcher denn?

*Erfolg ist eine Frage der Perspektive.*

Hoppala! Allein das Fragezeichen im Titel dieses Kapitels könnte in Wirtschaftskreisen bereits als reinste Blasphemie aufgefasst werden. Wie kann ich es bloß wagen, die Bedeutung des Motors allen wirtschaftlichen Treibens, nämlich Erfolg und Wachstum, infrage zu stellen? Und damit sind wir bereits in die gängige Falle getappt, Erfolg mit Wachstum gleichzusetzen oder zumindest im gleichen Atemzug zu erwähnen, und das auch noch ohne mit der Wimper zu zucken! Erfolg – DAS Business-Mantra schlechthin – treibt uns alle wie ferngesteuert an, und schon unterwerfen wir uns freiwillig und bedingungslos dem dogmatischen Joch der Erfolgs- und Gewinnmaximierung. Sehen wir uns daher in diesem Kapitel doch einmal näher an, warum für die Menschen in der Führung vorrangig der monetäre Erfolg zählt. Denn es gibt sehr viele weitere Arten des Erfolges, der von der Mehrheit jedoch gar nicht als solcher wahrgenommen wird. Und genau deswegen könnte es sehr wichtig sein, sich auch zum Thema Erfolg und seine verschiedenen Facetten in vertrauensvollen Zwiegesprächen auszutauschen …

## Wenn der Erfolgsdruck hämmert

Jede Führungskraft steht unter dem permanenten Druck, immer größere und gewichtigere Erfolge zu erzielen und Rückschläge um jeden Preis zu vermeiden. Die Erwartungen sind hoch, die extrem straffen Zielvorgaben dulden keinen Stillstand. Ständiges Wachstum ist das einzig Wahre! Wenn es dann einmal nicht so toll läuft, steht jede Führungskraft sofort im negativen Fokus, gerät massiv ins Kreuzfeuer der Kritik und wird in der Regel vollumfänglich in die Pflicht genommen. Was Wunder, dass Führungskräfte während ihres gesamten Tuns unterschwellig an Strategien arbeiten, die es ihnen erlauben, sich im Falle drohender Misserfolge zu schützen und abzusichern.

Und genau darin liegt das Problem! Denn es wird dann oft mehr Zeit, Kraft und Energie darauf verwendet, potenzielle Supergaus von der eigenen Person abzuwenden, als sich mit voller Kraft auf die imminenten und drängenden Probleme des Unternehmens zu konzentrieren. Aus vertraulichen Zwiegesprächen weiß ich, dass so mancher Manager ein überraschend hohes Zeitkontingent dafür aufwendet, sich strategisch zu überlegen, wann er mit wem wo unterwegs ist, sich zeigt, feiert oder gemeinsame Freizeitaktivitäten bestreitet, als sich vollumfänglich seinen Aufgaben zu widmen. Ich bin zu dem Schluss gekommen, dass dieses intensive soziale Verhalten darauf abzielt, im Fall des Supergaus so breitflächig und innig vernetzt zu sein, um sofort wieder in eine ausgezeichnete, eventuell ja sogar noch bessere Führungsposition katapultiert zu werden. Es mag sich seltsam anhören, ist aber gängiges Verhalten der Führungs-Beletage. Und irgendwie ja verständlich, denn jede Führungskraft ist immer auch Mensch mit privaten Verantwortlichkeiten und Herausforderungen, diesen holistischen Ansatz sollten wir auch hier nie aus den Augen verlieren!

Helmut, ein guter Freund von mir, zuständig für die organisatorische Abwicklung einer Betriebsfusion, musste tagtäglich darüber entscheiden, wer in der neuen Struktur verbleiben durfte und wer nicht. Was wurde er in dieser Zeit heiß umschwärmt und zu zahlreichen elitären Partys und Events eingeladen, in der Hoffnung, dass diese »Zuckerl« seine professionellen Entscheidungen beeinflussen würden. Es wurde ihm im Laufe der Fusionierung jedoch nicht nur Zuckerbrot, sondern auch die Peitsche geboten! So manche besonders »netten« Zeitgenossen und Kollegen versuchten es mit heftigen Drohungen in seine Richtung, wieder andere mit übler Nachrede. Der psychologische Druck, unter dem Helmut damals stand, war enorm. Zumal er sich nie sicher sein konnte, nach getaner Arbeit nicht selbst von einer übergeordneten Einheit knallhart vor die Tür gesetzt zu werden. Man hat seine Schuldigkeit getan und kann gehen, Sie wissen schon ... Bevor es eventuell dazu gekommen wäre, wechselte er in weiser Voraussicht freiwillig die Branche und gründete seine eigene Firma, in der ihm heute ein gesundes Betriebsklima das wichtigste Kriterium ist! So mancher würde dies vermutlich als feiges und erfolgloses Weglaufen aus einer unsicheren und beängstigenden Situation verurteilen. Für mich aber ist Helmut ein wahres Erfolgsvorbild, weil er seine persönlichen Werte nicht mehr länger verraten wollte und eine für ihn wichtige und klare Entscheidung traf!

## Erfolg ist eine Frage der Perspektive

Es sei einmal vorausgesetzt, dass Erfolg, egal welcher Natur, nur dort möglich ist, wo er erlaubt beziehungsweise gesellschaftlich akzeptiert ist. Das ist bei Weitem nicht überall der Fall. Im totalitären, marxistischen Regime der Ex-DDR wurden Bauern quasi enteignet und im Rahmen der »Landwirtschaftlichen Produktionsgenossenschaften« (LPG) unter Umständen sogar dazu verdammt, in ihrem vormals eigenen Betrieb als »Knecht« zu arbeiten. Auf diese Weise wurde jegliche Eigeninitiative gebrochen und privatwirtschaftliche Erfolge, auch wenn sie noch so bescheiden waren, als Werkzeuge des Teufels angesehen. Individueller Erfolg, der Erzfeind, der mit allen Mitteln unterdrückt werden muss! In anderen Kulturen, hauptsächlich jenen im asiatischen Raum, ist das Hervorstechen einer einzelnen Person aus der Gruppe zutiefst verpönt. Erfolg wird als Gemeinschaft erzielt und nicht als Einzelkämpfer, der Gruppenerfolg dient einem höheren Zweck und ist niemals Zweck an sich. Man ducke sich und sei nur ja nicht persönlich erfolgreich!

Und dann gibt es da noch diese Perspektive: Auch die Erfolgreichsten unter uns sollen sich doch unbedingt in Demut üben. Denn Erfolg und Zufall liegen ja so nahe beieinander! Das fängt im Grunde schon damit an, in welches gesellschaftliche Umfeld wir hineingeboren wurden und wie wir uns in verschiedenen Lebenssituationen entscheiden oder – noch passender ausgedrückt – wie das Leben für uns entscheidet. Manchmal sind wir gewissen Situationen ausgeliefert und können nur reagieren, manchmal können wir frei agieren, oftmals ist es eine Mischung aus beidem.

Mein langjähriger Freund Guntram wollte nach dem Abitur nicht studieren und ging arbeiten. Der Job machte ihm Spaß, aber wahre Erfüllung fand er in seiner Musik.

Als Hobbymusiker war er viel unterwegs und genoss sein Vagabunden-Leben. Dann lernte er eine Frau kennen und verliebte sich zum ersten Mal in seinem Leben bis über beide Ohren. Sie hatte ein Studium abgeschlossen und verdiente viel mehr als er. Nach einem Jahr verließ sie ihn für einen Mann mit mehr Status und Studienabschluss. Guntram war zutiefst getroffen. Nach einem anfänglichen Tief motivierte er sich selbst, angespornt durch den Zuspruch eines weiteren Freundes – auch hier gab es wohl die unterstützende und wohltuende Wirkung eines Zwiegesprächs –, und begann ein Studium. Heute ist er ein angesehener und überaus erfolgreicher Geschäftsmann. Bei ihm hat ein bestimmter – im ersten Anschein negativer – äußerer Einfluss dazu beigetragen, dass sein Leben in eine völlig neue Richtung lief. Wir dürfen nie vergessen, dass Potenziale sehr oft auch durch den »Zufall« entstehen, indem sie uns zufallen. Diese Gelegenheiten intuitiv zu erkennen und sie beherzt beim Schopf zu packen, ist nicht jedem gegeben. Den absoluten Willen, entschlossen den eigenen Weg zu gehen und bereit zu sein, dafür tagtäglich hartnäckig zu kämpfen, bringt auch nicht jeder mit. Für mich hat Guntram bereits zwei ganz große Erfolge eingefahren. Indem er zuerst seine musikalische Neigung und deren ideellen Wert in den Mittelpunkt stellte, danach aber auch die Kehrtwende zum unternehmerischen und damit monetären Erfolg ebenso erfolgreich meisterte! Für mich ist er ein perfektes Beispiel dafür, wie individuelle Erfolgsperspektiven sich im Laufe eines Lebens wandeln können und wie sehr sie alle ihre jeweils zeitlich passende Berechtigung haben.

### Speguloreflexion

> *Wie sieht es mit Ihren Erfolgsansprüchen aus? Sind Sie eher noch dem rein monetären Aspekt des Erfolges zugeneigt oder betrachten Sie diese Thematik bereits auf einer breiteren Basis und erlauben sich neue Perspektiven?*

## Erfolg liegt im Auge des Betrachters

Das mit den verschiedenen Erfolgsperspektiven ist aber gar nicht so einfach. Wird Erfolg doch in unserer westlichen Welt, die von Äußerlichkeiten geprägt ist, vor allem monetär bemessen. In Wirtschaftskreisen ist das sogar ausschließlich der Fall. Es ist der finanzielle Erfolg, der zählt, alles andere wird meist nicht wahrgenommen, was ich sehr bedauerlich finde.

Was wir dabei nicht vergessen dürfen: Erfolg liegt immer auch im Auge des Betrachters! Erfolg kann ich logischerweise nur dort haben, wo ich auch gesehen werde. Wenn ich nicht erkannt und bekannt werde, keine Resonanz finde, kann ich auch nicht erfolgreich sein. Ein Künstler kann zum Beispiel in manchen Ländern absoluten Kultstatus genießen, in anderen Teilen der Welt jedoch völlig unbekannt sein. Ein Wissenschaftler kann von vielen Kollegen als Koryphäe auf seinem Gebiet anerkannt sein und von anderen als Scharlatan abgetan werden. Ein Schriftsteller kann mit Literaturpreisen überhäuft werden, aber trotzdem niemals Bestsellerstatus erreichen und hohe Buchverkäufe erzielen. Man kann also alles richtig machen und trotzdem falschliegen oder einfach mit seinem Angebot nicht erkannt werden. Umgekehrt kann man großen Erfolg nach außen haben und sich innerlich komplett als Versager fühlen. Ein Produkt kann qualitativ außergewöhnlich gut sein, quasi revolutionär, und doch keinen Markt finden, weil der Markt unter Umständen noch nicht reif dafür ist. Ein Sportler, der zehn Jahre lang hart trainiert und erst dann endlich sein Ziel erreicht und Siege einfährt, war nicht zehn Jahre lang erfolglos und ein schlechter Sportler. Er hat diese zehn Jahre dafür genutzt, seinem Ziel Schritt für Schritt näherzukommen. Und während dieser Phase ja vielleicht auch einen Sparringspartner gehabt, mit dem er offen über seine Ängste, Ziele und Erfolgsvorstellungen sprechen konnte. Wir erkennen aus allen diesen Beispielen: Erfolg ist ein Prozess, der in der Regel mit zahlreichen Rückschlägen und mit harter Arbeit verbunden ist!

Für mich bedeutet Erfolg, wenn ich mir Ziele setze und diese auch erreiche. Wenn ich mein Leben selbst in die Hand nehme, mich selbst erkenne und mich so annehme, wie ich bin. Ich gebe gerne zu, dass es doch so einige Zwiegespräche mit vertrauten Personen gebraucht hat, bis ich zu diesen Erkenntnissen durchdringen konnte.

## Erfolg macht einsam – Misserfolg auch

Viele Führungskräfte befinden sich permanent in einer Art Erfolgsdilemma. Zum Beispiel, weil ihr persönlicher Erfolg und der Erfolg des Unternehmens, für das sie arbeiten, sehr oft diametral verschieden sind. Dann gilt es, taffe, berufliche wie auch persönliche, Entscheidungen zu treffen. Noch schwieriger ist es für die »Inhaber« hochrangiger Positionen meist, mit den verschiedenen Erfolgszyklen auf emotionaler Ebene entsprechend umzugehen. Denn Erfolg ist immer an einen bestimmten Zeitpunkt der Betrachtung gebunden. Niemand ist ein ganzes Leben lang durchgehend erfolgreich. Erfolg stellt sich zumeist erst nach einer gewissen Zeit ein und ist nicht unbedingt von Dauer. Was heute als erfolgreich wahrgenommen wird, ist morgen vielleicht schon wieder verwerflich. Das gilt natürlich auch für Unternehmen und ihre Dienstleistungen und Produkte. Die Führungskräfte sind dabei für alle strategischen Zukunftsentscheidungen eines Unternehmens verantwortlich. Einige dieser Entscheidungen werden sich als gut, manche sogar als genial entpuppen. Andere wiederum könnten sich als weniger erfolgreich erweisen oder gar vollkommen floppen. Das ist dann spätestens der Moment, an dem an der Spitze, hoch oben auf dem Führungsthron, düstere Einsamkeit einzieht und die bereits geschilderten Blasenbildungen und gefilterten Rückmeldungen ein Hochfest feiern. Exakt jetzt bräuchten die betroffenen Führungskräfte einen Zwiegesprächspartner, eine Zwiegesprächspartnerin, zum Zuhören, Austauschen und Einbringen neuer Gesichtspunkte, die auch immer die private und persönliche Entwicklung betreffen sollten. Wer auf einen solchen Reflektor nicht zurückgreifen kann, riskiert es, auf dem Führungsolymp – und im Leben – in Einsamkeit zu erstarren.

Dieses innere Bedürfnis nach einem Gespräch entsteht – verstärkt, wie ich finde – speziell auch im Fall von großen, lang anhaltenden Erfolgen. Denn auch diese können die Einsamkeitsspirale in neue Höhen treiben. Da wir ja schon etabliert haben, dass viele Führungskräfte von leicht egozentrischem Verhalten geprägt sind, befinden sie sich gerade nach exorbitanten Erfolgen in höchster Gefahr, völlig in den Narzissmus abzugleiten und sich nur noch durch diese Erfolge wahrzunehmen. Auch dann kann ein wohlmeinender Sparringspartner, der Tacheles spricht, diese Narzissmus-Kandidaten auf den Boden der irdischen Tatsachen zurückholen. Das ist aber auch deshalb wichtig, weil dauerhafte Erfolge tückisch sind und dazu führen können, dass Führungskräfte Augen und Ohren für Neues verschließen, Gelegenheiten verpassen und neue und kreative Ideen ihres Umfeldes überhören. Zu groß ist nämlich die Versuchung, bestehende Erfolge bloß zu verwalten und zu bewahren und keine neuen und innovativen Konzepte ins Auge zu fassen.

## Muss es immer knallharter Wettbewerb sein?

Die meisten Führungskräfte leben nach der Prämisse, erfolgreich sein zu müssen. Erfolgreich ist nun einmal nur die Firma, die sich gegen die Konkurrenz durchsetzt, mehr verkauft, höhere Gewinne erzielt, mehr Umsatz macht. Leider gilt dabei aber auch, dass es immer mehr Verlierer als Gewinner geben wird, das liegt in der Natur der Sache. Erfolg setzt also knallharten Wettbewerb voraus. Könnte man den rein finanziellen Erfolg auch glatt verneinen, sich dem Wettbewerb entziehen und einfach sein Ding machen, ohne das gesamte Streben dem Erfolgsdruck zu unterwerfen? Eher spielerisch und nicht verbissen an Projekte herangehen, sich gegenseitig unterstützen und einander ergänzen, anstatt sich zu zerfleischen? In den meisten Führungsetagen ist dieser Ansatz noch nicht wirklich angekommen, obwohl ich in manchen meiner Zwiegespräche mit Führungskräften dazu bereits vielversprechende Tendenzen erkenne. Ich bin sicher, dass es in dieser und auch in vielerlei anderer Hinsicht unvermeidlich ist, einen intensiven Paradigmenwechsel auszurufen. Und die Führungskräfte werden als die Frontfrauen und Frontmänner dieser Entwicklung auftreten müssen!

Die Welt, wie wir sie bisher kannten, ist massivem Wandel unterworfen, der auch unsere Werte betrifft. Das Erreichen einer individuellen Work-Life-Balance wird für viele Mitarbeitende immer wichtiger. Auf politischer Ebene wird über eine Viertagewoche bei gleichbleibendem Lohn diskutiert, über bedingungsloses Grundeinkommen und über das Recht auf Homeoffice für alle. Dieser bevorstehende Wandel, der auch das bisherige reine Wettbewerbsverhalten betreffen wird, wirft viele Fragen auf, deren Antworten rasch gefunden werden müssen. Führungskräfte, die weiterhin als umfassend erfolgreich gelten wollen, sollten als ersten Schritt den Begriff »Erfolg« für sich selbst als Mensch, ihr privates Leben wie auch für ihre gesamte Organisation definieren und vom alleinigen Wettbewerbsgedanken entflechten.

## Neue, altruistische Erfolgswege für die Welt

Bisher hat Erfolg automatisch ein Höchstmaß an Eigennutz impliziert, sei es für die Firma, Organisation, Struktur oder für die Führungskraft selbst. Ich denke, dass auch diesbezüglich intensiver Wandel ansteht und Unternehmen neue, sehr viel altruistischere Wege einschlagen werden. An dieser Stelle möchte ich aufzeigen, dass es diesbezüglich bereits interessante Tendenzen in der aktuellen Wirtschaftslandschaft gibt. Kaum ein Unternehmen, das sich heutzutage nicht öffentlich zur Nachhaltigkeit bekennt, obwohl das, was darunter verstanden wird, in manchen Fällen noch ein wenig schwammig scheint. Manche üben sich weiterhin unverfroren im Greenwashing, während andere das Thema sehr ernst nehmen und vorantreiben. Wieder andere kaufen sich frei, indem sie Kompensationszahlungen an Umweltorganisationen tätigen. Das ist langfristig sicher nicht die Lösung, aber immerhin, es tut sich etwas. Diese wichtige Thematik ist endlich im allgemeinen Bewusstsein angekommen!

Wie es gelingen kann, wirtschaftlichen Erfolg neu zu denken, beschreiben drei arrivierte österreichische Unternehmer, Johannes Gutmann (Sonnentor-Gründer), Robert Rogner (Rogner Hotelbetriebe, Institut für Beziehungsethik) und Josef Zotter (Chocolatier, Zotter-Schokolade), in ihrem gemeinsamen Buchprojekt. In »Eine neue Wirtschaft« zeigen sie Alternativen zum bisherigen Erfolgsdenken auf und erläutern, wie sie diese in ihren eigenen Betrieben umsetzen, um konkreten Wandel zu bewirken.

Außerdem möchte ich an dieser Stelle die Initiative »Enkeltaugliches Österreich« vorstellen. Auch hier nehmen die zuvor genannten Protagonisten und Autoren eine führende Rolle ein. Sie propagieren, dass die betriebswirtschaftliche Rentabilität zwar überlebenswichtig ist, aber deren Maximierung nicht mehr im Vordergrund steht. Das Bestreben liegt vielmehr darin, strategisch langfristig zu denken, Generationenverantwortung zu übernehmen, um Kindern und Enkelkindern einen gesunden, vielfältigen und fruchtbaren Lebensraum zu hinterlassen, der dauerhaft eine unabhängige und natürliche Ernährung ermöglicht. Die Bewegung nutzt Synergien aus Wissenschaft, Unternehmertum, Landwirtschaft, Vereinen und Organisationen und bündelt Expertenwissen, um gemeinsam zu forschen, konkrete Maßnahmen zu planen und umzusetzen. Das Ziel ist es, mit geeinten Kräften Lösungen zu erarbeiten, ohne die langfristigen Zukunftsperspektiven zu verschlechtern. Dies gilt vor allem nicht nur betriebswirtschaftlich, sondern auch in Bezug auf den gesamten menschlichen Lebensraum, inklusive Felder und Wälder, Wiesen und Gärten, und bedient perfekt den holistischen Ansatz, der für alle Zukunftsprojekte nie mehr wegzudenken sein wird. Genau so gestalten sich meiner Überzeugung nach die Erfolge der neuen Zeit!

Ein weiteres Beispiel, wie wirklich nachhaltiger Unternehmenserfolg aussehen kann, ist für mich »Patagonia«, das bekannte Outdoor-Bekleidungsunternehmen aus Kalifornien. Es übernimmt eine branchenübergreifende Vorbildfunktion, indem es effektive Lösungsansätze zur Umweltkrise implementiert und damit in gewisser Weise dazu beiträgt, den Kapitalismus neu zu definieren. Das Eigentum der Firma wurde an den Patagonia Purpose Trust übertragen, alle Gewinne des Unternehmens, die nicht reinvestiert werden, fließen in eine eigens gegründete gemeinnützige Organisation, um so ihren Anteil am globalen Umweltschutz zu leisten.

Die Initiative »1 % for the Planet« (mit dem Registered-Trademark-Zeichen dahinter) ist ein globaler Zusammenschluss von Firmen, die sich freiwillig dazu verpflichten, mindestens 1 % von ihrem Umsatz für den Schutz und die Erhaltung der Umwelt zu spenden. Mitbegründer und Ideengeber dieser sozial und ökologisch orientierten Organisation ist Yvon Chouinard, Gründer von Patagonia.

Ich könnte hier noch viele weitere alternative Erfolgsmodelle erörtern, möchte aber nicht den Eindruck erwecken, den einen oder anderen Weg zu bevorzugen. Mein Bestreben in diesem Kapitel ist es, das, was wir gemeinhin als Erfolg verstehen, zu relativieren und die Vielfalt der Facetten aufzuzeigen, in denen Erfolg sich zeigen kann. Wenn Führungskräfte in ihren Betrieben, Vereinen oder in welchen Strukturen auch immer weiterhin blind erfolgsgetrieben unterwegs sind, wäre es von Zeit zu Zeit angebracht, innezuhalten und im bewussten Zwiegespräch sowohl den Sinn als auch die Ausrichtung ihres Bestrebens zu hinterfragen, damit sie vor lauter Bäumen die Schönheit und Bedeutung des gesamten Waldes nicht aus den Augen verlieren. Denn das bewusste Zwiegespräch ermöglicht es uns, den Blick für das Wesentliche zu schärfen und das, was ist, mit neuen Augen zu betrachten und auf diese Weise eine Neuordnung zu schaffen.

Jetzt denken Sie sich vielleicht: Schön und gut, der hat

gut reden, aber wie finde ich die richtigen Gesprächspartner und Gesprächspartnerinnen für meine vielschichtigen Anliegen, welche Eigenschaften sollen die denn bloß mitbringen? Und wie kann ich erkennen, ob und inwieweit eine Person sich für die eine oder andere meiner Thematiken als Reflektor tatsächlich eignet?

Genau diesen Fragen und Antworten werden wir uns im zweiten Teil dieses Buches widmen!

# Teil II

# Einladung zum Zwiegespräch

# Kapitel 4

## Der Ganz-Ohr-Hase – und wie man ihn erkennt

*Der Akt des authentischen Zuhörens ist unverhandelbar zärtlich.*

Mit diesem Buch rufe ich Sie zum Reden auf. Und zwar jetzt! Zum Reden, zum Zwiegespräch, gehören logischerweise mindestens zwei Personen. Eine, die redet, und eine andere, die zuhört! Daraus ergibt sich hoffentlich ein gelungenes Vier-Augen-Gespräch mit Herz und Verstand! Eine solche kommunikativ wahrhaftige Begegnung setzt auf beiden Seiten Offenheit und Geduld voraus sowie Raum und vor allem Zeit, was heutzutage ja ein äußerst seltenes Gut darstellt. Was wir uns alle wünschen, ist es doch, in unserer Tiefe wahrgenommen zu werden und Wertschätzung zu erfahren. Ein achtsames Gegenüber schenkt uns dabei normalerweise seine oder ihre ungeteilte Aufmerksamkeit und ist ganz Ohr. Ich bezeichne eine solche Gesprächsperson augenzwinkernd als »Ganz-Ohr-Hasen«.

Über den Ganz-Ohr-Hasen ist bislang kein Film gedreht worden, er ist auch – noch – nicht berühmt. Aber er verfügt über eine extrem wichtige Eigenschaft: Er hilft seinem Gesprächspartner, seiner Gesprächspartnerin dabei, sich selbst auf der Leinwand des Lebens zu betrachten. Zu Ostern wird er nicht in Schokolade gegossen, um sich in der Folge gnadenlos an den Hüften anzusetzen, sondern unterstützt ganz im Gegenteil beim Abwerfen von unnötigem, gedanklichem Ballast und bei der Neuorientierung unserer Welten. Er versteckt auch keine bunt verpackten Geschenke im Garten, sondern hilft bei der Suche nach verborgenen Kuckuckseiern, die man eventuell noch nährt, die im Grunde aber schon lange nur noch belasten. Originalität ist des Ganz-Ohr-Hasen Stärke, Kreativität sein liebstes Betätigungsfeld!

### Speguloreflexion

*Gibt es bereits eine Person in Ihrem Leben, die dieser Beschreibung eines Ganz-Ohr-Hasen entspricht? Falls nicht, machen Sie sich auf die Suche danach. Ich garantiere Ihnen, es lohnt sich!*

## Ganz-Ohr-Hasen –
## eine äußerst seltene Spezies

Ich werde in diesem Zusammenhang immer wieder gefragt, ob es reicht, eine einzige solche Bezugsperson im Leben zu haben, mit der man in innigen und tiefen Austausch gehen kann. Meiner Erfahrung nach ist das sehr unwahrscheinlich, wenn nicht gar unmöglich, da in diesen Zwiegesprächen schließlich viele verschiedene Facetten, beruflicher wie auch privater Natur, abzudecken sind. Dafür ein kommunikatives wie inhaltliches Allroundtalent zu finden, ist nicht so einfach. Denn es muss ja auch die rein menschliche Komponente perfekt passen, damit beide Gesprächspartner sich entsprechend öffnen können.

Wenn Sie sich auf den Weg machen und bereit sind, sich einer Ihnen a priori fremden Person zu öffnen, ihr Einblick in Ihr privates und berufliches Umfeld zu gewähren, handelt es sich bei dem anstehenden Thema ja meist um Umstände, die sich über Jahre, manchmal Jahrzehnte entwickelt haben. Diese Umstände haben bei Ihnen selbst oder in Ihrem unternehmerischen Umfeld vielleicht bereits chronisches Unbehagen ausgelöst oder äußern sich eventuell auch nur in einer temporären Verstimmung. Wo immer Sie stehen, diese Themen sollten auf jeden Fall besprochen werden, regelmäßig oder auch punktuell und situationsbezogen. Wie gut das tut, werden Sie erst dann wirklich erkennen, wenn Sie Ihren ersten Ihren ganz persönlichen Ganz-Ohr-Hasen-Gesprächspartner ausgemacht haben!

Bei körperlichen Leiden, die sich über einen längeren Zeitraum entwickelt haben, gibt es keine Alles-wird-gut-Wunderpillen mit Instantwirkung, nach deren Einnahme jegliches Gebrechen über Nacht verschwindet. Es existiert auch keine spezifische »Redemedizin«, die Sie auf Rezept in den Zustand eines »Ohr-Ganz-Muss« versetzt. Bei diesem Zustand handelt sich um die Befriedigung der Sehnsucht, voll präsent und konzentriert gehört zu werden. Meine diesbezüglichen Beobachtungen und Überlegungen sollen jedoch sicher nicht in einem Buch münden, das Zuhören als technisches Mittel zum Zweck beschreibt. Ich verstehe dieses von mir geschilderte Zuhören vielmehr als Geschenk und somit als Zweck per se.

Genauso verhält es sich mit dem Zuhörer, der Zuhörerin als Person. Auch diese Person sollte als wertvolles Geschenk betrachtet werden, denn Ganz-Ohr-Hasen sind eine seltene

Spezies, die nicht so leicht zu definieren und zu erkennen sind. Menschen, die dieses spezielle Zuhör-Gen in sich tragen, stehen nämlich eher nicht im Mittelpunkt. Sie haben eine unaufdringliche Präsenz, verhalten sich ruhig, sind aufmerksam, zurückhaltend und einfühlsam. Aber Achtung, nicht jeder Introvertierte ist automatisch ein guter Gesprächspartner! Das komplexe Zusammenspiel zwischen zwei Akteuren, die inhärente Gesprächsdynamik, darf sich im bewussten Zwiegespräch, wie es hier beschrieben wird, keiner vorgefertigten Strukturierung unterwerfen. Das setzt die Fähigkeit voraus, eigene Vorstellungen, Überzeugungen, Ansichten und angelerntes Wissen zurückzustellen und mit dem Gegenüber reaktiv in seine Erfahrungen einzutauchen. Das stellt einen ständigen Balanceakt dar, der enormes Fingerspitzengefühl erfordert. Dabei ist es unabdingbar, die eigenen Prägungen und Muster zu kennen und sie loslassen zu können, bevor man sich anderen Menschen als deren Projektions- und Reflexionsfläche zu Verfügung stellt, zumal auf beiden Seiten familiäre Gegebenheiten, Beziehungen, Freundschaften und das berufliche Umfeld oftmals den klaren Blick trüben können.

## Die heilsame Wirkung des Zuhörens

Der bekannte deutsche Bestsellerautor Michael Ende beschreibt in seinem Märchen-Roman »MOMO« bereits im Jahr 1973 die heilsame Wirkung des Zuhörens. Das kleine Mädchen Momo, die Hauptprotagonistin der Erzählung, verfügt über eine außergewöhnliche Gabe. Es schenkt seinen Mitmenschen Zeit und hört ihnen mit aller Aufmerksamkeit und Anteilnahme zu. So bringt es die Menschen dazu, sich ihm gegenüber zu öffnen und wieder Freude am Leben zu empfinden.

Sie werden sich jetzt vielleicht fragen, inwiefern dieser kleine Ausflug in die Welt der Kinder- und Jugendbücher Ihnen bei der täglichen Bewältigung Ihrer Probleme als Entscheidungsträger auf beruflicher Ebene helfen soll. Sehen Sie diese zauberhafte Geschichte einfach als Impuls, um sich zu fragen, wer Ihnen in Ihrem Leben derart aufmerksam zuhören könnte, wie Momo es tut. Vielleicht fühlt sich Ihr inneres Kind ja sogar angesprochen, und Sie öffnen sich dafür, neue Prioritäten zu setzen und umzudenken. Denn das funktioniert auf jeden Fall besser zu zweit als alleine! Wer weiß, vielleicht erkennen Sie auf der Suche nach dem geeigneten Gesprächspartner, der passenden Gesprächspartnerin ja jemanden aus Ihrem Bekanntenkreis, der dieses Buch von Michael Ende gelesen hat und sich wenigstens teilweise mit der Momo'schen Herangehensweise vertraut fühlt. So einer Person können Sie sich getrost anvertrauen!

Ich finde, dass die Rolle von Momo in der realen Welt speziell von der Kunst verkörpert wird. Denn Kunst im Allgemeinen bewirkt genau das, was Momo auslöst. Künstler und Künstlerinnen stehen meist außerhalb von Raum und Zeit, beobachten das Geschehen um sich herum und reagieren darauf. Kunst regt an, setzt Impulse, bestätigt oder kritisiert und hilft, die Welt besser zu verstehen. Manchmal ist die Botschaft klar und deutlich, dann wieder eher diffus und erst auf den zweiten Blick erkennbar. Kunst als das karmische Barometer der Gesellschaft, das wie ein Radar jene Dinge erkennt, die sonst keiner sehen kann, ist ein wichtiges Element der Gemeinschaft. Deswegen braucht speziell auch die Kunst den immerwährenden Dialog, denn gerade sie will gesehen und gehört werden!

## Ganz-Ohr-Hasen bieten einen wertvollen »Helicopter View«

Das gilt insbesondere für Personen der Spezies »Ganz-Ohr-Hasen«. Sie verfügen über das seltene Talent, liebend gerne für andere da zu sein, die Dinge objektiv zu betrachten und während längerer Zeit zuzuhören, ohne sich sofort direkt und mit guten Ratschlägen und Lösungsvorschlägen einzumischen. Sie haben im Gegenzug aber auch ein stark ausgeprägtes Bedürfnis, als der Reflektor, als die Reflektorin, die sie sind, wahrgenommen zu werden.

Mit diesem Buch möchte ich auch ein Bewusstsein schaffen für diese sensitive Menschengattung, die zumeist im Stillen unter uns verweilt, aber über dieses ungeheure Potenzial verfügt, im Gespräch, als aufmerksamer Zuhörer, bei ihrem Gegenüber allein durch diese eigene Form der Beobachtung eine Neuordnung zu ermöglichen. Die Ganz-Ohr-Hasen mit ihrer eigenen Sicht auf die jeweiligen Gegebenheiten werden in unserer von steter Veränderung und Unsicherheit definierten Welt dringend gebraucht, weil sie durch ihre ausgeprägte Beobachtungsgabe Trends und Tendenzen rasch erkennen können. Und das vor allem auch in Situationen, bei denen die Mehrheit der Menschen den Wald vor lauter Bäumen nicht mehr zu sehen vermag.

Wie schon erwähnt, gibt es ihn nicht, diesen rundum allwissenden Ganz-Ohr-Hasen, der sich in allen Domänen auskennt. Dafür existieren ja die jeweiligen Spezialisten mit dem nötigen Fachwissen, die Therapeuten, Business Coaches und sonstigen Experten dieser Welt. Aber unser Ganz-Ohr-Hase bietet etwas viel Nützlicheres, er hilft bei der Betrachtung unserer Themen und Anliegen aus einem übergeordneten »Helicopter View« und kann genau für diesen distanzierten Blick darauf bewusst herangezogen werden. Die jeweiligen Fachleute werden dann später noch ihren Auftritt haben, beim »Drill Down«, wenn es darum geht, die im Zwiegespräch gewonnenen Erkenntnisse zu nutzen, um in die Tiefe der jeweiligen Problematiken vorzudringen.

## Das Zwiegespräch – kommunikatives Zuhause auf Zeit

Wie Sie ja schon wissen, den richtigen Gesprächspartner zu finden, ist ein schwieriges Unterfangen, für das es keinen vorgefertigten Erfolgsschlüssel gibt. Zumal so mancher Ganz-Ohr-Hase gar nicht weiß, dass er ein solcher ist! Manchmal, wie bei mir so geschehen, entwickelt sich das Bewusstsein für diese spezielle Eigenschaft erst in der zweiten Lebenshälfte. Das ist eigentlich logisch, denn eine gewisse Lebenserfahrung ist dazu ganz sicher zweckdienlich, im Bereich der Unternehmensführung sogar unabdingbar. Weil ich selbst so oft diese bestimmte Sehnsucht verspürt habe, mich in den verschiedensten herausfordernden Situationen mit jemandem auszutauschen, weiß ich genau, wie es sich anfühlt, wenn man alleine ist und wichtige strategische Entscheidungen zu treffen hat.

Das Gegenteil von sich alleine fühlen bedeutet für mich, mich zu Hause zu fühlen. Zu Hause kann ich mich durchaus in vielen Bereichen fühlen, im beruflichen oder im familiären Umfeld, im Freundeskreis. Darüber hinaus gibt es sie immer wieder, diese Momente im Leben, in denen sich die Sehnsucht nach tiefer Einsicht, nach tiefem Verstanden-werden und nach einem kommunikativen Zuhause auf Zeit einstellt. Nach jemandem, mit dem ich mir, innerhalb eines bestimmten Zeitfensters, dieses temporäre Zuhause in einem konstruktiven Zwiegespräch einrichten kann. Ein Zuhause, in dem ich mich wohlfühle und alles aussprechen kann, was mich bewegt, sowohl Positives als auch Negatives. Um mehr ICH sein zu können. In dieser Zeit möchte ich wirklich gesehen und gehört werden, in meiner Tiefe erkannt und gleichzeitig achtsam anerkannt werden. Ich brauche in diesen Momenten einen anderen Blickwinkel von jemandem, der eine besondere Sicht auf die Dinge hat.

Zu Hause ist immer auch da, wo die Zärtlichkeit wohnt. Der Akt des authentischen Zuhörens ist unverhandelbar zärtlich. Die Zärtlichkeit der Gedanken, der Taten und der Worte wird in der heutigen Zeit immer weiter an den Rand der Lächerlichkeit gedrängt, obwohl sie dort keinesfalls hingehört. Die Zärtlichkeit gehört in voller Pracht und Herrlichkeit in die Mitte unserer Gesellschaft! Ein Zwiegespräch ohne zärtlichen, liebevollen Umgang miteinander ist quasi ein Ding der Unmöglichkeit. Ich meine damit keinesfalls, dass sich beide Gesprächspartner dabei in den Armen liegen müssen, kuscheln und sich gegenseitig Streicheleinheiten zuteilwerden lassen. Sollte es ein diesbezügliches Defizit geben, kann man einen Kuschelprofi anheuern, denn auch dieses Berufsprofil gibt es bereits seit einigen Jahren. Ich meine vielmehr die Zärtlichkeit im übertragenen Sinn, den gegenseitigen Respekt, die Anerkennung, die Achtsamkeit, die Tatsache, wahrgenommen zu werden. In dem Wissen, dass keine Verurteilung, sondern Verständnis für die Situation folgen wird. Dann und nur dann hat man den Mut, auch Dinge auszusprechen, die vielleicht nicht so angenehm sind. Ein Gesprächspartner im Sinne unseres Ganz-Ohr-Hasen fährt dabei jedoch keinen seichten Kuschelkurs, sondern bietet ehrliches Feedback und wohlwollende wie konstruktive Kritik.

## Zwiegespräch mit Stephanie – wie es begann

*Seit einigen Jahren darf ich getreuer Zwiegesprächspartner von Frau Dr. Stephanie Z. sein. Stephanie ist 37 Jahre alt und Inhaberin sowie Geschäftsführerin einer Produktionsfirma im Bereich Abwassertechnik, einer naturgemäß stark männerbesetzten Domäne. Sie hat den Betrieb von ihrem Vater übernommen und beherrscht mit ihrem Doktorat in Betriebswirtschaftslehre ihre beruflichen Aufgaben aus dem Effeff. Stephanie »verwaltet« den geerbten Betrieb jedoch nicht nur einfach weiter, sie transportiert das Unternehmen durch konsequentes Investment in den Bereichen Research & Development und durch die Entwicklung neuer, innovativer Produkte auch in die Zukunft. Auf ihr Bestreben hin wurden an den In-House produzierten Abwassermanagementsystemen gelbe Verschlussventile und orange Kupplungsstücke verbaut, wodurch die Einzelteile auf den Baustellen sofort als qualitativ hochwertige Produkte von diesem speziellen Hersteller erkennbar sind, was ein gigantisches Alleinstellungsmerkmal darstellt. Mit diesem genialen Schachzug gelang es Stephanie, ihren Betrieb in früher unvorstellbare Umsatzdimensionen zu führen. Stephanie ist extrem erfolgreich, aber auch extrem einsam. Gleichzeitig ist sie aber im Gegensatz zu ihrem rein technischen, beruflichen Umfeld eine sehr kunstinteressierte, feinsinnige und feinfühlige Frau, die sich unbewusst bezüglich ihrer beruflichen Herausforderungen wie auch ihrer privaten Interessen schon lange einen passenden Gesprächspartner wünscht.*

*Ich wurde ihr über einen gemeinsamen Kontakt empfohlen, wie das meistens beim Eintritt in eine Zwiegesprächssituation der Fall ist. Einige Tage später trafen wir uns zu einem Erstgespräch in ihrem Büro. Nach einem kurzen Kennenlernen schlug sie mir vor, gleich an einer Betriebsführung teilzunehmen. Eine kleine, überschaubare Gruppe von Auslandskunden wäre im Werk bereits vor Ort, ich könnte mich diesen*

*Herrschaften ja anschließen, um einen ersten Eindruck des Unternehmens zu bekommen. Ich verstand, dass Stephanie mir als ersten Schritt ihre rein berufliche Seite präsentieren wollte, und stimmte zu, an der Führung teilzunehmen. Als ihr vielleicht zukünftiger Reflektor müsste ich ja sowieso über die verschiedenen Aspekte ihres Lebens Bescheid wissen. Zu meiner großen Freude handelte es sich bei den Kunden um die Produkt-Manager einer Einkaufsgemeinschaft aus dem Elsass. Ich spreche fließend Französisch und konnte daher als Dolmetscher zwischen dem Werksmeister und den französischen Kunden vermitteln, wenn deren respektive Fremdsprachenkenntnisse nicht ausreichten.*

*Als ich nach der Werksführung in Stephanies Büro zurückkehrte, empfing sie mich mit einem strahlenden Lächeln und sagte animiert: »Wie ich erfahren habe, sprechen Sie Französisch! Wie schön. Ich liebe dieses Land ja so sehr und verbringe jedes Jahr immer ein paar Tage in Frankreich, obwohl mein eigenes Französisch bestenfalls als rudimentär zu bezeichnen ist.« Das Eis war gebrochen! Die beim ersten Kennenlernen noch etwas zurückhaltende Stephanie war durch die »Brücke« der französischen Sprache sofort sehr viel offener geworden. Und bat mich noch an diesem Nachmittag, ihr zukünftiger Reflektor und »Ganz-Ohr-Hase« zu sein.*

*Wir nahmen unsere Zwiegespräche auf, und nach und nach erfuhr ich als Stephanies Vertrauter und Gesprächspartner mehr über ihr Leben und erkannte, wie sehr sie ihr bisheriges Dasein ausschließlich der Weiterführung des Familienbetriebes untergeordnet hatte. Sie verfügte weder über die Zeit noch die Muße, um sich nach einem geeigneten Ehemann umzusehen, denn zu dringlich waren die täglichen Führungsaufgaben. Nun, meinte sie, wäre es dafür viel zu spät. Das machte ihr sehr zu schaffen, denn wenn sie keine Kinder bekommen würde, wäre absolut niemand da, der den familiären Fortbestand der Firma sichern würde, auch nicht in der weitläufigen Verwandtschaft.*

*In unseren Gesprächen realisierte Stephanie erst so richtig, wie sehr sie ihr Privatleben und ihre ganz persönlichen emotionalen Bedürfnisse für das Unternehmen geopfert hatte. Ihr wurde auch klar, dass es zwischen ihr, der Person Stephanie, und dem Betrieb eigentlich keinen Unterschied mehr gab. Stephanie WAR der Betrieb! Das Berufliche und das Private waren bei ihr untrennbar 24/7 miteinander verwoben. Sie kam mit mir als ihr Reflektor zu der Erkenntnis, dass sie schon lange das Gefühl hatte, ohne ihre Firma als Person überhaupt nicht mehr zu existieren.*

*Es gab nur noch Stephanie, die Firmeninhaberin und Geschäftsführerin, die private Stephanie, mit allen ihren Vorlieben und Interessen, war verschwunden. Diese Gefühle wurden noch verstärkt, als ihre beste Freundin nach einem plötzlich auftretenden Krebsleiden innerhalb weniger Monate verstarb. Seitdem fühlte Stephanie sich richtig einsam, wenn sie alleine war, und sie war oft alleine, die meiste Zeit sogar. Auch wenn sie tagsüber die ganze Zeit von Menschen umgeben war, ihre Einsamkeit nahm überhand. Das brachte ihre Führungsposition einfach mit sich. Sie erzählte mir, dass sie sich manches Mal insgeheim wünschte, in ihrem Betrieb als Mitarbeiterin angestellt zu sein. Denn es herrscht dort ein wirklich exzellentes Betriebsklima, und viele Kollegen und Kolleginnen sind auch privat gut miteinander befreundet. Nur Stephanie als Chefin wurde nie zu einer privaten Grillparty unter Mitarbeitern eingeladen. Eines Tages sagte sie mit Tränen in den Augen zu mir: »Ich habe so oft den Eindruck, gar nicht dazuzugehören, obwohl ich ja eigentlich der Motor bin und das pulsierende Herz dieses Unternehmens.« Mit der Zeit öffnete sie sich mehr und mehr und genoss es zunehmend, in meiner Person einen neutralen Zuhörer und Gesprächspartner gefunden zu haben, der außerhalb von allem stand und stets ein offenes Ohr auch für ihre persönlichen Anliegen hatte und sie als ganzheitlichen Menschen sah und wahrnahm, nicht nur als die Chefin hoch oben auf dem*

*Führungsthron. Besonders oft sprachen wir über Stephanies große Sorge, aufgrund ihrer beruflichen hohen Belastung keinen Partner und Ehemann zu finden und das Unternehmen ohne Erben dastehen zu lassen.*

*Eines Tages rief sie mich aufgeregt und glücklich an. Bei einem Kongress in Berlin hatte sie Maximilian kennengelernt, der in der gleichen Branche wie Stephanie als CEO eines bekannten Marktführers international tätig ist. Auch er hatte seiner Führungsposition in den letzten Jahren sein komplettes Privatleben geopfert und wollte diese Situation gerne ändern. Es war Liebe auf den ersten Blick zwischen den beiden. Daraufhin vereinbarten wir einen Gesprächstermin. Zwei dermaßen intensive Leben unter einen Hut zu bringen, geht mit eingehender und regelmäßiger Reflexion einfach leichter. Auch das gehört zum Aufgabengebiet eines Ganz-Ohr-Hasen!*

## Das Prinzip ist zutiefst weiblich, die Zukunft auch!

Stephanie hat die positive Wirkkraft eines Zwiegesprächs erst jetzt verstanden. Die meisten Frauen aber wissen es intuitiv und schon immer: Sogar Alltagsunterhaltungen können extrem wohltuend wirken! Unter Freundinnen ist es gang und gäbe, sich anzurufen und zu fragen: »Können wir uns treffen? Wir müssen reden!« Die Damen dieser Welt wissen dann sofort, was damit gemeint ist. Sie haben erkannt, wie unendlich hilfreich solche Zwiegespräche sind, bei denen das Gegenüber einfach nur zuhört, ohne sofort Lösungsvorschläge parat zu haben. Allein durch das Aussprechen der aktuellen Thematiken und aufgrund der Tatsache, dass die eigenen Gedanken von der Zuhörerin, vom Zuhörer quasi mitbetrachtet werden, stellt sich oftmals auf wundersame Weise eine Erkenntnis ein, die ohne dieses intime Zwiegespräch nicht möglich gewesen wäre.

Nun geht es darum, diesem im Grunde urweiblichen Prinzip universellen Charakter zu verleihen und in die Welt der Führungskräfte, männlich oder weiblich, zu übertragen. Dies ist auch ein Aufruf an alle männlichen Entscheidungsträger, ihren weiblichen Part zu erkennen, anzunehmen und zu integrieren. Sowie ein Appell an alle weiblichen Führungskräfte, ihrem weiblichen Instinkt weiterhin die Treue zu halten, anstatt männliche Attribute auf Teufel komm raus zu entwickeln oder sogar zu outrieren.

In bin mir absolut bewusst, dass diese Herangehensweise vielen rational denkenden Führungskräften als wenig fundiert und sogar abgehoben erscheinen mag. Diese Personen denken vielleicht auch, ihre Probleme mithilfe künstlicher Intelligenz lösen zu können. Es stimmt, KI-Programme sind fundiert, basieren auf gespeichertem Wissen und können dabei behilflich sein, etwas zu entscheiden. Aber nur auf der Basis dessen, wie bisher in ähnlichen Situationen und Ausgangslagen entschieden wurde! Wirklich intelligent ist da nichts, es wird bloß altes Wissen aufgekocht und in anderen Worten das dargestellt, was die sogenannte gesammelte menschliche Intelligenz bis dato hervorgebracht hat. Das mag für einen Schulaufsatz reichen, aber wirklich innovative Lösungen können auf diese Weise nicht gefunden werden. Der Mensch ist als holistisches Wesen viel zu komplex, als dass generell der gleiche Nullachtfünfzehn-Ausweg der einzig Richtige sein kann. Entscheidungen brauchen Reflexion! Innovative Entscheidungen brauchen innovative Reflexion. Innovation liegt in uns und kann nicht wie bei der Pflanzenveredelung auf einen minderwertigen Stamm gepfropft werden, sie entsteht aus Erkenntnis, Selbsterkenntnis und Selbstreflexion.

## Der Ganz-Ohr-Hase als Spiegel und Reflektor

Der Ganz-Ohr-Hase wird in diesem Sinne zu unserem Reflektor und agiert als solcher als unser Spiegel. Er spiegelt jedoch nicht nur, sondern überlegt zusammen mit uns, ohne aber seine Meinung aufzudrängen. Er bietet sozusagen eine interaktive Spiegelung! Dieser Spiegel schreibt mir beispielsweise nicht arrogant vor, wie meine Frisur oder mein Outfit auszusehen haben, damit ich für andere attraktiv bin und ich mich selbst wohlfühle. Aber er ist ungemein hilfreich, um mir knallhart zu vermitteln, was passt und was nicht. Einen schöneren Kopf oder Körperbau kann er nicht herbeizaubern, aber uns allein durch seine Präsenz dabei helfen, aus dem, was da ist, das Beste zu machen. Das gilt natürlich auch für alle beruflichen wie privaten Situationen, in denen wir uns gerade befinden mögen.

Das ganzheitliche Zuhören des Ganz-Ohr-Hasen ist dem visuellen Spiegeln sehr ähnlich. Es geht dabei um Wahrnehmung und Beobachtung. In einem Zwiegespräch findet zeitgleich auf vielen verschiedenen Ebenen ein Austausch statt. Die gegenseitige Wahrnehmung entscheidet darüber, ob die Chemie passt oder nicht. Ich kann als Reflektor ein noch so aufmerksamer Zuhörer sein, wenn mein Gegenüber mir grundsätzlich nicht sympathisch ist und auch keine Empathie existiert, wird daraus niemals ein wirklich konstruktives, offenes Gespräch entstehen können. Daher ist es so wichtig, sich zu Beginn einer Zwiegesprächsbeziehung auf das Gegenüber offen und flexibel einzulassen und zu schauen, ob sich in der Gesprächssituation ein freudvoller Flow ergibt. Ich empfehle daher, zu Beginn einige Gesprächsrunden anzuberaumen, um sich besser kennenzulernen und in der Tiefe zu verstehen, wie man wechselseitig tickt. Nur so werden Sie herausfinden, ob Sie

Ihren ersten ganz speziellen Ganz-Ohr-Hasen-Kandidaten gefunden haben.

Denn eines ist klar: Es gibt keine staatlich geprüften Ganz-Ohr-Hasen! Zu unterschiedlich sind die geforderten Qualitäten! Genauso wenig wie es geprüfte Lebenspartner gibt. In beiden Fällen kann man sich nur vertrauensvoll auf die Beziehung einlassen und muss schauen, in welche Richtung sie führen könnte. Wenn ich der richtigen Person gegenüberstehe, fühle ich mich unmittelbar und wahrhaftig ganz, dann ist mir nichts mehr fremd, dann bin ich angekommen! Und so ähnlich verhält es sich mit dem richtigen Gesprächspartner.

Sie sehen, diese zu Beginn noch ominöse Person, die unser Ganz-Ohr-Hase sein wird, kann nur nach dem »Trial and Error«-Prinzip ausfindig gemacht werden. Wer einmal den ersten passenden Gesprächspartner gefunden hat, sollte sich auf das Experiment unbedingt einlassen, denn zu selten ist diese Spezies! Ob es wirklich die richtige Person ist, wird Ihr »Bauchgehirn« entscheiden. Wenn Sie die Gewissheit spüren, für diesen ganz speziellen Bereich zu Hause angekommen zu sein, dann können Sie sich dieser Person rückhaltlos öffnen und ihr auch vollkommen vertrauen. Denn sie wird Sie sehen und annehmen! Wenn Kopf, Herz und Bauch in Einheit JA sagen, haben Sie die richtige Person als Zwiegesprächspartner gefunden. Es ist also nicht ganz so einfach, einen Ganz-Ohr-Hasen zu finden, aber es ist umso leichter, ihn zu erkennen, wenn er der Richtige ist. Denn dieses Erkennen findet unmittelbar statt oder eben gar nicht!

## Offen sein für das Leben und neue Begegnungen

Ja, das alles ist ziemlich persönlich, damit haben Sie, liebe Leserinnen und Leser, vielleicht ja nicht gerechnet. Sie sind vermutlich eher davon ausgegangen, eine sachliche Abhandlung zum Thema Management und Kommunikation aufgetischt zu bekommen. Nun, dem ist nicht so. Warum? Weil es nicht mehr genügt, sich politisch korrekt in der organisatorischen Sachlichkeit zu bewegen, ganz und gar nicht! Wenn ich neue Pfade gehen will, muss ich bereit sein, meine bereits hoffnungslos ausgetretenen Wege zu verlassen und vorrangig meinem Orientierungssinn und Instinkt zu vertrauen.

Unser gesamtes Leben besteht aus Begegnungen der unterschiedlichsten Art! Wer einen Ganz-Ohr-Hasen als Sparringspartner und Reflektor für sich gewinnen möchte, muss also offen sein für das Leben und auch für neue Begegnungen. Ein Haserl dieser so speziellen Spezies können Sie nirgendwo kaufen. Ganz-Ohr-Hasen sind für Sie da oder nicht, aber niemals käuflich! Zuhören auf diesem Intensitätslevel kann und soll nicht abgerechnet werden, da sich daraus kein unmittelbar greifbares Resultat im klassischen Sinne ergibt. Das selbstlose, unmittelbare Zuhören sowie das zutiefst ehrliche Feedback sind nur möglich, weil Ihr kommunikatives Gegenüber so ist, wie es ist, und es gar nicht anders sein kann. Es bringt Wertschätzung entgegen und fordert Wertschätzung ein, jenseits von Raum und Zeit, jenseits von allen finanziellen Konventionen.

Wenn Sie also auf dem See der Suchenden mit einem imaginären Paddelboot unterwegs sind und nach Ihrem persönlichen Ganz-Ohr-Hasen Ausschau halten, wie werden Sie ihn erkennen, wenn er sich selbst vielleicht noch gar nicht erkannt hat? Das ist eine Frage, die ich gerne mit einer Gegenfrage und einer Umkehrung beantworten möchte. Sehen wir es doch einmal so: Was müssen Sie tun respektive wie müssen Sie sich verhalten, um einen potenziellen Ganz-Ohr-Hasen und somit den bestmöglichen Gesprächspartner aller Zeiten schnellstmöglich in die Flucht zu schlagen? Das ist schnell erklärt, denn Ganz-Ohr-Hasen reagieren sehr sensibel auf Narzissmus, Egomanie, Überheblichkeit und Präpotenz. Wenn Sie also Ihren perfekten Sparringspartner bewusst und in Harmonie anziehen möchten, sollten Sie an diesen eventuell bei Ihnen vorhandenen Charaktereigenschaften arbeiten und sich zuerst selbst reflektieren, bevor Sie im Außen Ausschau halten. Je intensiver Sie an sich selbst arbeiten, sich immer wieder hinterfragen und so die Charaktereigenschaften eines idealen Ganz-Ohr-Hasen entwickeln, desto höher ist die Wahrscheinlichkeit, dass Ihnen ein solcher über den Weg läuft und Sie beide sich gegenseitig erkennen.

Um diesen imaginären Wahrnehmungsraum mit dem höchstmöglichen Potenzial zu füllen, braucht es allerdings die entsprechenden Voraussetzungen. So wie früher in den Boudoirs von Königinnen oder Schlossherrinnen hat in dieser exklusiven Zwiegesprächsatmosphäre absolute Diskretion zu herrschen. Abgesehen davon gibt es an diesem »heiligen«, geschützten Rückzugsort Ihrer Gesprächssituation keine Regeln, kein Richtig und kein Falsch, keine Etikette und vor allem auch kein Tabu!

Nachdem wir nun gemeinsam erarbeitet haben, wie Sie Ihren idealen Zwiegesprächspartner anziehen und erkennen, können wir in die Thematik der Speguloreflexologie so richtig einsteigen!

# Kapitel 5

## »Speakers' Corner« – Sicherheit, Vertrauen, Raum und Zeit

*Alle Masken fallen lassen und einfach reden!*

Meinungsfreiheit ist ein demokratisches Grundrecht, das sollten wir gerade heute nie vergessen! In Großbritannien wird dieses Recht seit langer Zeit mit einem besonderen Ort in Verbindung gebracht, der Speakers' Corner im Londoner Hyde Park. Es ist ein wichtiger und vor allem sicherer Ort der Redefreiheit, an dem seit 1872 jede Art von Versammlungen, Reden und Diskussionen erlaubt ist. Ohne Voranmeldung darf hier jeder, in völliger ideologischer Freiheit, eine Rede zu fast jedem Thema halten. Ausdrücklich ausgenommen sind allein die britische Monarchie und die königliche Familie. Das ist heutzutage nicht allerorten eine demokratische Selbstverständlichkeit! Ob die Themen seitens des eventuellen Publikums überhaupt auf Interesse stoßen, ist dabei völlig irrelevant. Man erscheint einfach und redet!

Zur Entstehung dieses außergewöhnlichen Ortes kam es, weil sich die damalige Bourgeoisie während ihrer ausgedehnten Spaziergänge in den Parks der Stadt von den zunehmenden Demonstrationen der Gewerkschaften und Arbeiterbewegungen in ihrem feinsinnigen Empfinden gestört fühlte.

Deswegen gestand die Regierung der frustrierten breiten Bevölkerung einen kleinen, aber immerhin permanenten Bereich im Hyde Park zu. Dort hatte jeder die Freiheit, seiner Unzufriedenheit und seinen Überzeugungen quasi uneingeschränkt Ausdruck zu verleihen. Eine Tradition, die seit diesem einzigartigen Parlamentsbeschluss bis in die Gegenwart sehr gerne wahrgenommen und sorgsam gepflegt wird.

Jeder Redner bringt seine eigene »Bühne« mit, in der Regel eine einfache Holzkiste, um sich durch die leicht erhöhte Redeposition besser Gehör zu verschaffen. Diese sogenannte »Soapbox« hat sich im englischen Sprachgebrauch als Metapher für die freie Rede etabliert. Die Speakers' Corner gilt seitdem als weltweites Symbol für die Freiheit der Meinung und das Recht auf öffentliche Rede. Sie bietet die Möglichkeit, die Gesellschaft in all ihren Facetten uneingeschränkt zu reflektieren.

## Soapboxing und Zwiegespräch – ähnlich und doch anders

Ich habe dieses Kapitel »Speakers' Corner« genannt, weil ich davon überzeugt bin, dass das bewusste Zwiegespräch und die freie Redeform des Soapboxing im Hyde Park so einiges gemeinsam haben, obwohl sie sich in mancherlei Hinsicht auch wieder voneinander unterscheiden.

Die größte Gemeinsamkeit sehe ich in der Tatsache, dass in beiden Formaten – abgesehen vom verständlichen Verbot, sich über die Monarchie zu äußern – wirklich alle Themen adressiert werden dürfen. Die Speakers' Corner ist also ein geschützter Raum der Redefreiheit, der hohe emotionale Sicherheit bietet. Auf das Thema der psychologischen Sicherheit komme ich in diesem Kapitel noch zurück. Diesen geschützten Raum bietet auch das vertrauliche Zwiegespräch. Zu wissen, dass man im Rahmen dieses Raumes all seinen Emotionen und Gedanken Ausdruck verleihen und die üblichen Masken fallen lassen kann, ist eine ungeheure emotionale Entlastung. Diese beiden Redeformate sind einander in diesem wichtigen Punkt also sehr ähnlich. An der Speakers' Corner im Hyde Park werden allerdings meist vorgefertigte Pamphlete vorgetragen, das sollte im bewussten Zwiegespräch natürlich besser nicht der Fall sein! Hier braucht es den freien Redefluss, mit all seinen Ecken und Kanten und eventuellen Holprigkeiten. Die Vorträge im Hyde Park haben außerdem in der Regel einen bestimmten Betreff und Inhalt. Im Rahmen eines bewussten Zwiegesprächs hingegen werden ausnahmslos alle Anliegen, die die betroffene Person gerade beschäftigen, angesprochen, themenübergreifend und quer durch den Gemüsegarten. Genau das stellt ja auch die Quintessenz und den hohen Nutzen dieser Form des Austausches dar und ist im Kern das Wesen der holistischen Herangehensweise. Ich habe schon viele sehr wohltuende Zwiegespräche erlebt, in denen wir zwischen Führungsebenen und privaten Themen laufend hin und her wechselten. Anders kann es auch gar nicht ablaufen, schließlich wird das Gespräch von zwei menschlichen Wesen geführt!

Ein weiterer Unterschied ist dieser: Beim Soapboxing treten die Redenden an, um das anwesende Publikum von ihrem Standpunkt zu überzeugen. Im bewussten Zwiegespräch hingegen brauchen Sie niemanden von irgendetwas zu überzeugen, am wenigsten sich selbst und schon gar nicht Ihren zuhörenden Ganz-Ohr-Hasen.

Was es für ein gelungenes Zwiegespräch jedoch immer geben sollte, ist ein klares Zeitfenster, in dem Ihr Gespräch stattfindet. Dieser selbst gesteckte Rahmen ist wichtig, um den Fokus im Gespräch zu schärfen und der Unterhaltung eine grobe Struktur vorzugeben. An der Speakers' Corner dauert die Rede in der Regel so lange, wie sie eben dauert, je nachdem, wie viele Zwischenrufe und Einwände von den Zuhörern kommen. Denn das Publikum kann, ja soll sogar auf Konfrontation gehen, Einwände vorbringen und die Rede immer wieder stören! Führungskräfte kennen diese Situation auf gewisse Weise nur zu gut, denn auch sie haben oft mit massiven Störfeuern zu rechnen, wenn sie mit bestimmten Themen an die Öffentlichkeit gehen.

Verglichen mit diesem oft doch sehr rauen Ton an der Speakers' Corner stellt das achtsame, von Vertrauen geprägte Zuhören im Zwiegespräch eine nahezu liebevolle Bekundung von gegenseitigem Respekt dar. Dieser Raum, in dem sie ganz sie selbst sein dürfen und sich ausdrücken können, wie ihnen der Schnabel gewachsen ist, ist für Führungskräfte, die ja oft auch Personen des öffentlichen Lebens sind, besonders wichtig.

## Auf die »Kiste« zu steigen, erfordert Mut

Es gehört Mut dazu, sich an einen mehr oder weniger unbekannten Ort zu begeben und sich dort, bildlich gesprochen, auf einer Kiste stehend rückhaltlos zu öffnen. Über mich zu erzählen, darzulegen, was mich gerade bewegt, was meine Projekte und Ambitionen sind. Ich bin in dieser Position exponiert, also angreifbar und verletzlich, aber auch ehrlich und dadurch wieder stark. Durch die Kisten-Situation ist es zudem schon ein wenig so, als würde man den geschützten und sicheren Raum einer Bühne betreten.

Galoppierendes Lampenfieber oder Angst vor der Sichtbarkeit haben Sie als Führungskraft wahrscheinlich bereits seit Langem, zumindest vordergründig, abgelegt, und doch sind wir alle mehr als nur eine halbwegs zuverlässig funktionierende Maschine aus menschlicher Biomasse. Das, wofür die Begriffe Seele und Berufung stehen, befindet sich jenseits des rein Funktionalen. Oft ist es die Angst, die eigene Berufung zu leben, die uns lähmt. Und so verschließen wir uns unserer ureigenen besonderen Gabe und ziehen uns vor lauter wohliger Angepasstheit immer wieder in unseren selbst geschmiedeten Panzer zurück. Ein erster Schritt in die Selbsterkenntnis ist es, den Mut aufzubringen, die Bühne des eigenen Ichs zu betreten. Das geschieht, wenn die Redner im Hyde Park ihre Bühne alias Kiste besteigen. Und genau das ereignet sich im Prinzip auch innerhalb eines Zwiegesprächs, wobei der total geschützte Raum eines solchen natürlich viel mehr Diskretion mit sich bringt.

## Der geschützte Raum des echten Zwiegesprächs

Wer sich in einer exponierten Führungsposition befindet, muss jederzeit überlegt handeln, sich politisch korrekt ausdrücken und perfekt gendern, um nur ja niemandem, keiner einzigen möglichen Gruppierung, auf den Schlips zu treten! Dabei wird nicht nur genau beachtet, WAS gesagt wird, sondern auch mit Argusaugen verfolgt, WIE es gesagt wird. Und wehe, man vergreift sich einmal im Ton, schon droht der Führungskraft und dem Unternehmen, für das sie spricht, ein Shitstorm massiven Ausmaßes. Die meisten Führungskräfte sind sich der Konsequenzen, die auch nur ein falsches Wort für das Unternehmen wie für sie selbst haben kann, schmerzlich bewusst und befinden sich daher ständig in einer kommunikativen Alarmsituation.

Eine Person des öffentlichen Lebens wird leider oft losgelöst vom Zusammenhang zitiert, sofort angeprangert und zur Rechenschaft gezogen. Das ist die harte Wirklichkeit, auch wenn es höchst unfair ist. Mir selbst zum Beispiel fällt ab und zu, wenn ich müde bin, das eine oder andere Wort nicht ein, vor allem, wenn ich sprachlich zwischen Französisch und Deutsch alterniere. Dann tendiere ich manches Mal dazu, unglücklich gewählte Wort-Alternativen zu verwenden. Jemandem, der diese Schwäche skrupellos ausnutzen möchte, um mich öffentlich vorzuführen, bin ich in dem Moment schutzlos ausgeliefert. Mir dessen bewusst zu sein, verursacht ein ständiges von Unfreiheit geprägtes inneres Gefühl von »Achtung, was du sagst!«, das während meiner Zeit als Führungskraft noch viel stärker auftrat.

Das alles baut heute immer noch Druck in mir auf und verleitet dazu, mich stets zurückzunehmen, um mich gefasst und konform auszudrücken, anstatt auch einmal Tacheles zu reden, mit dem bewussten Risiko des einen oder anderen verbalen Ausrutschers. In der Emotion können da durchaus manchmal Worte fallen, die ich sonst so nicht aussprechen würde. Oder ich wähle Formulierungen, die den einen oder anderen verletzten könnten, stelle eventuell Behauptungen auf, die in der Form gar nicht stimmen und somit als verletzend, arrogant oder sogar großkotzig wahrgenommen werden.

Und hier schließt sich der Kreis zur immensen Wohltat des geschützten Zwiegesprächs. Ihre ganz persönliche, individuelle und vertrauliche »Speakers' Corner«. Der Raum, in dem Sie nicht einmal auf eine Kiste steigen müssen, um sich sichtbar und noch besser hörbar zu machen. Denn Sie werden ja schon gehört, von der Person, die Ihren Ganz-Ohr-Hasen verkörpert. Er ist nur für Sie und Ihre momentanen Themen da. Außerdem sind ihm die diversen »Geht-Gar-Nicht Formalitäten« mit Verlaub allesamt vollkommen wurscht. Seine Rolle ist es, Ihnen einfach zuzuhören und nicht zu urteilen. Er beobachtet und reflektiert nicht primär die Form, sondern den gehörten Inhalt in all seinen Dimensionen. Nicht nur das Wort zählt, sondern auch die nonverbale Kommunikation, der Gesichtsausdruck, die Körpersprache. Die gleichen Worte ausgesprochen mit einer Träne im Augenwinkel oder mit einem Zwinkern oder einem Lächeln im Gesicht haben völlig unterschiedliche Bedeutungen. Ihrer aktuellen persönlichen Verfassung wird direkt und unmittelbar Rechnung getragen. Das ist wichtig, denn all diese Aspekte färben die von Ihnen getätigten Aussagen auf ihre ganz eigene Art und Weise.

## Alles kann, nichts muss gesagt werden

Denn nur, wenn Sie sich ausreichend geschützt fühlen, werden Sie in Ihrem Zwiegespräch ganz Sie selbst sein! Reden Sie einfach drauflos, ohne Grenzen, ohne Regeln, ohne Logik, sondern genau so, wie es Ihnen gerade in den Sinn kommt. Der Ganz-Ohr-Hase hört zu, sortiert und reflektiert, ohne zu richten und ohne zu urteilen. Es können Schimpfwörter fallen, es darf geflucht werden. Sie dürfen alle Facetten von Wut, Liebe, Angst und Schmerz ausleben und zeigen. Sie dürfen konfus, diffus, erbärmlich oder prätentiös klingen, narzisstisch, stur oder antriebslos wirken. Ihren achtsamen Ganz-Ohr-Zuhörer kümmern diese Vordergründigkeiten nicht im Geringsten.

Merken Sie, wie wohltuend das sein kann? Wenn Sie mit Ihren eigenen Aussagen weder performen noch beeindrucken oder überzeugen müssen und auf niemanden Rücksicht zu nehmen brauchen. Sie dürfen in Ihrem persönlichen wöchentlichen Zwiegespräch – oder welchen zeitlichen Rhythmus auch immer Sie dafür pflegen – völlig zerfranst und unkonzentriert auftreten. Alles kann, nichts muss gesagt werden! Es geht um die totale Ausdrucksfreiheit, egal welcher Natur und ganz ohne Tabus.

Auch was die zu besprechenden Themen betrifft, existieren keinerlei Einschränkungen, sei es im wirtschaftlichen Bereich wie Organisation, Reorganisation, Umstrukturierung, Neuorientierung, Unternehmensübernahme, Veräußerung, Filialzuwachs, Expansion, Verkleinerung, Verlagerung ins Ausland, Outsourcing, Zertifizierung usw. Oder im privaten Bereich, Lebenspartner, Kinder, Familienmitglieder, Schenkungen, Erbschaften, Stiftungen, Beziehungen, Freundeskreis usw. betreffend. Es gibt nichts, absolut gar nichts, was bei diesen Gesprächen thematisch ausgeschlossen ist! Fühlt sich das nicht sofort befreiend und extrem verlockend an, wenn Sie auch nur daran denken, sich so intensiv öffnen zu können, ohne Angst vor einem Shitstorm oder Repressalien einer anderen Art haben zu müssen?

## Speguloreflexion

> *Der Ganz-Ohr-Hase ist weder der Weg noch das Ziel und schon gar kein Guru. Er versucht einfach nur, Mensch zu sein und innerhalb eines intensiv geschützten, sicheren Raums das Wesentliche im Gegenüber zu reflektieren.*

Der Ganz-Ohr-Hase stellt sich zur Verfügung, sowohl Ihre Projektions- als auch Ihre Reflexionsfläche zu sein. Er ist aber sicher nicht derjenige, der für alles und jedes sofort eine Lösung präsentiert! Das ist de facto ja auch unmöglich. Die passenden Lösungen zu finden und sie danach umzusetzen, ist sowieso immer Ihr Job als Führungskraft! Sie sind als Entscheidungsträger perfekt ausgebildet und erfahren, da macht Ihnen so leicht keiner was vor. Mit Ihrem Sparringspartner sprechen Sie nicht, um Lösungen aufgezeigt zu bekommen, sondern damit er Ihnen zuhört, weil Ihnen die Lösungen danach schneller und leichter zufallen. Eine plötzliche, wundersame Einsicht, Neuordnung oder Offenbarung geschieht oftmals einfach nur, weil Ihnen jemand aufmerksam, aktiv und vor allem achtsam zuhört. Das fühlt sich dann an wie ein Streicheln für die Seele. Wie eine sanfte Berührung, die Ihnen zeigt, Sie sind nicht alleine. Sie werden gehört. Da gibt es jemanden, der versucht, Sie zu verstehen, der Sie und Ihre Verstrickungen aller Art ernst nimmt, der Sie bedingungslos wahrnimmt, so wie Sie sind. Jemand, vor dem Sie keine Angst zu haben brauchen. Jemand, bei dem Ihnen weder Ablehnung noch Zustimmung entgegenkommt. Jemand, in dessen Präsenz Ihnen keine Wertung, sondern reine Wertschätzung widerfährt.

Für mich sind diese wertschätzenden Gespräche im geschützten Raum eine wichtige Unterstützung bei der kontinuierlichen Annäherung an jenen Moment, an dem es mir schlussendlich möglich ist, genau das zu sagen, was mir auf dem Herzen liegt, ohne Schönrederei, ohne ein Blatt vor den Mund zu nehmen, und ich die Dinge endlich beim Namen nenne. Das ist gar nicht so leicht, zu sehr sind wir an die gesellschaftlich und sozial eingeimpften Verhaltensmuster gewöhnt, uns Umstände schönzureden und uns selbst zu belügen. Ganz im Sinne von: »Das tut man doch nicht, das sagt man doch nicht!« Diese gesellschaftlich tief verankerten Konventionen wirken oft nachhaltiger, als wir wahrhaben wollen. Um uns ganz von ihnen zu lösen, braucht es bei den meisten ein geballtes Maß des Gefühls, sich absolut SICHER zu fühlen. Obwohl die absolute Sicherheit natürlich eine Illusion ist! Ich finde, mit dieser Aussage ist der perfekte Moment gekommen, um sich mit der psychologischen Sicherheit zu beschäftigen.

## Psychologische Sicherheit am Arbeitsplatz

Der Begriff der psychologischen Sicherheit, wie er in dem Buch »Die angstfreie Organisation« von Amy Edmondson, Professorin für Leadership und Management an der Harvard Business School, gebraucht wird, ist mittlerweile in aller Munde. Es steht außer Frage, dass eine Organisation, in der angstfreie Kommunikation möglich ist, in der die Mitarbeitenden einander im gegenseitigen Respekt und Vertrauen begegnen und am gleichen Strang ziehen, über einen entscheidenden Vorteil bei der Wertschöpfung verfügt. Das wäre natürlich der Idealzustand! In solch einem harmonischen Umfeld ist es für die Führungskraft leicht, sich zu öffnen, Gefühle zuzulassen und somit die einzigartige Dynamik, die aus der besonderen Arbeitsatmosphäre entsteht, durch ihre Vorbildfunktion noch weiter zu boostern. Leider sind wir im Alltag meist mit völlig anderen Realitäten konfrontiert. Da wird gemobbt, intrigiert und gelästert, dass es eine »Freude« ist. Das sollte nicht verwundern, werden Mitarbeiter und Mitarbeiterinnen doch zumeist ausschließlich aufgrund ihrer fachlichen Qualifikation und Kompetenz eingestellt und nicht primär wegen ihrer vielen charmanten und positiven Charaktereigenschaften.

In dem dadurch entstehenden zusammengewürfelten unternehmerischen Umfeld völlig verschiedener Charaktere eine wohlwollende, wertschätzende Neuordnung im Arbeitsumfeld zu schaffen, scheint in vielen Fällen, mit allem Respekt für die langjährige, fundierte wissenschaftliche Arbeit von Amy Edmondson, eine de facto utopische Vorstellung zu sein. Und doch greifen so manche mitarbeiterorientierte Unternehmen auf Amys Forschungserkenntnisse zurück und versuchen, sie umzusetzen, eines der bekanntesten davon ist wohl Google.

## Speguloreflexion

> *Wie können wir hoffen, gerade in der Arbeit völlig angstbefreit miteinander umzugehen, wo uns doch tagtäglich medial alle möglichen Ängste eingeredet werden? Wie soll es unter Mitarbeitern und Mitarbeiterinnen im Betrieb funktionieren, wenn wir es zu Hause nicht hinbekommen, in der Paar-Beziehung, in der Ehe, mit unseren Kindern, in der Familie, in der Nachbarschaft, in der Region, in der nationalen und europäischen Politik, im geopolitischen Machtgefüge?*

Wir können somit nicht ernsthaft davon ausgehen, dass wir jetzt auf einmal, mir nichts, dir nichts, an jedem Arbeitsplatz ein derartig ideelles, weil angstbefreites Arbeitsklima schaffen können. Dies mag auf dem Papier strategischer Leitlinien vielleicht funktionieren, wird in der täglichen gelebten Realität aber kaum möglich sein.

Gefühle von gelebter psychologischer Sicherheit, in welcher Form auch immer, sind meiner Erfahrung nach stets mit Orten verhaftet. Diese Orte respektive Räume werden ganz bewusst mit dieser Intention erdacht und erschaffen. Ihnen wird dauerhaft oder zeitlich begrenzt diese eine Funktion zugeteilt, nämlich einen sicheren Rahmen zu kreieren, um dort urteilsfrei man selbst sein zu können. Das waren in früheren Zeiten zum Beispiel das Boudoir der Königin, heute noch immer der Beichtstuhl, das ärztliche Gespräch im Besprechungszimmer oder auch die Couch des Therapeuten. Dieser Aspekt der Ortsgebundenheit ist jedoch im Arbeitsalltag nur selten gegeben. In Zeiten von Homeoffice, verschiedenen Standorten und diversen Niederlassungen verwässert sich zudem das Gemeinschaftsgefühl. Was uns wieder zurück zur Bedeutung des bewussten Zwiegesprächs führt, wenn so eindeutig klar ist, wie zunehmend einsam wir alle uns im (Arbeits-)Alltag fühlen.

## Psychologische Sicherheit im bewussten Zwiegespräch

Wir haben bereits festgestellt, dass ein wahres und tiefes Zwiegespräch im vertrauten und geschützten Raum stattfinden muss, damit es funktioniert. Trotzdem ist es für viele Menschen zu Beginn nicht einfach, sich vollkommen zu öffnen, da sie meist noch von ihrer Angst gesteuert werden. Angst und das starke Bedürfnis nach Sicherheit haben die gleiche Wurzel. Aus der Angst heraus kann ich mich aber nicht öffnen. Wenn ich mich meinem Gegenüber nicht öffne, werden die Gespräche nicht tiefgründig sein. Oberflächliche Gespräche aber wären reiner Zeitverlust und somit unsinnig für alle Beteiligten.

Ihr Sparringspartner, der Ganz-Ohr-Hase, muss demnach als Erster die »Hosen runterlassen« und bereit sein, sich wahrhaftig zu öffnen, seine Emotionen zuzulassen und gegebenenfalls auch mitzuteilen. Sobald er sich preisgibt, geht er in die Verletzlichkeit. Er geht ein Risiko ein, gewinnt aber gleichzeitig das Vertrauen seines Gegenübers und ebnet so den Weg zu einer offenen und ehrlichen Kommunikation. Gegenseitiges Vertrauen auf gleicher Ebene ist die Folge!

Sicherheit kann ich nur dort finden, wo ich bereit bin, sie loszulassen, so wie in der Liebe auch. Wenn ich Vertrauen vom anderen fordere, handle ich aus Angst, nicht zu genügen, nicht gut genug zu sein, zu verlieren, was ich vermeintlich »besitze«. Wenn in einer Liebesbeziehung einer der beiden Partner unter mangelndem Selbstvertrauen leidet, wird er oder sie dem Partner kein Vertrauen entgegenbringen können. Das gilt auch für das Zwiegespräch! Man kann niemandem psychologische Sicherheit schenken, da es sich dabei immer um ein subjektives Gefühl des Gegenübers handelt.

Wann immer und wo immer wir aus uns herausgehen möchten, brauchen wir einen Ort, der diesen »Safe Space«

verkörpert. Das passiert beispielsweise auch, wenn Gleichgesinnte sich in einem Swinger Club treffen, um dort ihren Leidenschaften zu frönen. Keine Angst, ich möchte Sie nicht zu einem Besuch eines solchen Etablissements überreden, um mich mit Ihnen dort in ein tiefsinniges Zwiegespräch zu vertiefen, diese Erwähnung soll ausschließlich der Illustration dienen. Aber Spaß beiseite! Es steht außer Zweifel, dass der Ort, an dem ein Zwiegespräch stattfindet, von eminenter Bedeutung ist. Denn dieser Raum trägt sehr viel zu unserer subjektiv gefühlten psychologischen Sicherheit bei. Daher ist es so wichtig, dass dieser Raum und auch die Zeitdauer, die wir dort im Zwiegespräch verbringen, genau definiert sind. Die Beichte findet ja auch im geschützten Raum des Beichtstuhls statt und nicht im Kaffeehaus. Dieser geschützte Raum des Beichtstuhls, striktes Beichtgeheimnis inklusive, hat mich immer fasziniert. Der Pfarrer als Ganz-Ohr-Hase? Warum nicht, wenn es der persönlichen theologischen Ausrichtung entspricht. Um nicht jedes Mal in die Kirche zu pilgern, mich in einen Beichtstuhl zu setzen und mich der mir oft unbekannten Person hinter der Trennwand anvertrauen zu müssen, habe ich für mich daher das Zwiegespräch entdeckt. Eine sehr viel angenehmere und zudem äußerst wirksame Variante des Beichtprinzips, wie ich finde! Nun stellt sich nur noch eine Frage: Wo sprechen wir »zwie«?

## Der ideale Ort für ein Zwiegespräch

Es steht also außer Frage, dass Zwiegespräche in einem geschützten Rahmen stattfinden müssen, in dem beide Parteien im gegenseitigen Vertrauen einander Dinge sagen können, die sie derart offen wahrscheinlich noch mit keinem anderen Menschen besprochen haben.

Was diesen idealen Ort für unsere Zwiegesprächs-Situationen anbetrifft, kann es nicht um Allgemeingültigkeit, sondern immer nur um Individualität gehen. Jedes dieser Gespräche ist sehr persönlich und sollte daher immer in einem individuell gewählten Rahmen stattfinden, der Ihnen größtmögliche Sicherheit vermittelt. Es sollte außerdem auch ein Ort mit Wohlfühlcharakter sein, der Ihnen vertraut ist. Der Ort Ihrer Zwiegesprächs-Session mit Ihrem Reflektor sollte auf jeden Fall sehr bewusst gewählt werden. Es muss sich nicht immer um dieselbe Location handeln, ich empfehle Ihnen sogar, sich je nach der zu besprechenden Thematik immer neue inspirierende und Vertrauen sowie Sicherheit bietende Örtlichkeiten zu wählen.

Ich glaube sehr an die eigene Wirkung, die manche Orte auf uns Menschen haben. Dr. Roberta Rio beschreibt das in ihrem großartigen Buch »Der Topophilia Effekt« äußerst anschaulich. Deshalb macht es Sinn, die speziellen Energien mancher Orte für vertrauensvolle Begegnungen im Rahmen eines Zwiegesprächs bewusst zu nutzen. Falls Sie sich jetzt fragen, woran Sie solche Orte erkennen, ich kann Ihnen garantieren, Sie werden instinktiv spüren, ob ein bestimmter Raum für Ihr nächstes Zwiegespräch passend ist oder nicht.

## Zwiegespräch mit Stephanie – vertrauter Raum, passende Zeit

*Kommen wir zurück zu Dr. Stephanie Z., der Karrierefrau und Inhaberin eines Betriebes, die die Führung ihres Unternehmens allem anderem in ihrem Leben untergeordnet hatte, bis sie CEO Maximilian traf und sich in ihn verliebte. Auch bei ihr ging es zu Beginn unserer gemeinsamen Gesprächsreise erst einmal darum, den passenden Raum, an dem unse-*

re zukünftigen Konversationen stattfinden würden, zu finden. Als wir bei unserem Kennenlernen merkten, dass die Chemie zwischen uns stimmte, fragte sie mich bald, wann wir denn unser erstes richtiges Zwiegespräch abhalten könnten und schlug als Ort unserer zukünftigen Konversationen ihr Büro vor, weil das für sie logistisch sehr praktisch wäre. Ich wusste sofort: Das ist keine gute Idee. Zugegeben, Stephanies Büro war sehr geräumig und repräsentativ, aber auch extrem konventionell und unpersönlich. Mir war gleich beim ersten Eintreten dieser Gedanke durch den Kopf gegangen: »Die steife Umgebung hier passt doch überhaupt nicht zu dieser lässigen, modernen Frau!« Später erfuhr ich, dass Stephanie dieses Büro inklusive der Einrichtung von ihrem Vater übernommen hatte, als dieser sich aus der Firma zurückzog. In einem unserer späteren Zwiegespräche vertraute sie mir an, dass sie, solange ihr Vater leben würde, keinerlei Veränderungen darin vornehmen würde. Obwohl sie ein vollkommen anderes ästhetisches Empfinden hätte als ihr Herr Papa. Ihrem ausgesprochenen Faible für eine farbenfrohe, kreative Raumgestaltung hätte sie nur insofern nachgegeben, als dass sie sich erlaubte, ein einziges abstraktes Bild eines zeitgenössischen Malers an der bis dahin kahlen Wand gegenüber ihrem Schreibtisch aufzuhängen.

Ich wusste zwar zu diesem Zeitpunkt noch nicht, worum genau es in unseren kommenden Zwiegesprächen gehen würde, aber mir war vollkommen klar, dass diese konventionelle Büroräumlichkeit dafür definitiv nicht der ideale Raum war! Ich fragte Stephanie also nach Alternativen für unsere zukünftigen Zusammentreffen. Nach kurzer Überlegung rief sie aus: »Da wäre das Haus am See!«, und ihre Augen begannen zu leuchten. Dieses Haus befindet sich seit Jahrzehnten im Besitz ihrer Familie. Später erfuhr ich, dass Stephanie als Kind dort ihre schönsten Momente erlebt hatte und das Haus und den See als einen Ort der Glückseligkeit und Harmonie betrachtete. Als ihre Mutter noch lebte, wurden dort viele

*Feste gefeiert, und Stephanie durfte als kleines Mädchen alle ihre Freundinnen einladen, dabei zu sein. Dieser Ort der positiven Erinnerungen war für Stephanie ein Sanktum voll wunderschöner Erinnerungen an ihre Mutter, die vor langer Zeit bei einem tragischen Unfall ums Leben gekommen war.*

*Stephanie erwähnte mir gegenüber niemals die näheren Details des Unglücks, sie kann und will darüber nicht sprechen. Und ich frage natürlich nicht nach, das tun Ganz-Ohr-Hasen im Zwiegespräch nicht, da wir unsere Rolle ja nicht als die eines Therapeuten sehen. Im weiteren Verlauf unserer bald sehr regelmäßigen Gespräche, als wir auf der Terrasse des Hauses saßen und über den See blicken, erwähnte Stephanie, dass sie sich betreffend den frühen und tragischen Tod ihrer Mutter schon länger in therapeutischer Behandlung befand. Ich bin sehr sicher, dass sie mir diese und viele andere Dinge, die sie erzählte, in der Atmosphäre ihres Büros niemals hätte anvertrauen können.*

*Nachdem ich beim Erstkontakt das Aufleuchten in Stephanies Augen wahrnahm, als sie an das idyllische Haus am See dachte, schlug ich ihr vor, unser erstes Zwiegespräch dort abzuhalten. Ich spürte, dass es für sie ein tief vertrauter Ort war, an dem sie sich sicher und geborgen fühlte. Mein Instinkt erwies sich als richtig, vom ersten Moment an konnte Stephanie in unserer Gesprächssituation wirklich entspannen, sich mehr und mehr öffnen und ganz sie selbst sein. Wir sitzen seitdem oft zusammen im Garten oder am Kamin des Seehauses, es ist ein wahrlich wunderschöner friedvoller Ort der Stille, mitten in der Natur gelegen, umgeben von Wiesen und Wäldern.*

*Die Termine unserer Gespräche wurden längerfristig vorab vereinbart und waren zeitlich immer klar begrenzt. Einen zeitlichen Rahmen für ein Zwiegespräch festzulegen, ist sehr wichtig, weil die Gespräche dadurch stringenter werden. Ist der Zeitrahmen vorgegeben, beschäftigt man sich bereits vorher mit der aktuellen, angedachten Thematik. Die Gedanken, die man teilen will, sind bereits vorgeformt und werden dann im Gespräch umso leichter und klarer ausgesprochen, was die gedanklichen Weiterentwicklungen und Synergien, die sich durch den Austausch ergeben, noch zusätzlich beflügelt. Die Frequenz unserer Zusammenkünfte richtete sich vor allem nach dem eng getakteten Zeitplan von Stephanie und pendelte sich anfänglich im Rhythmus von zwei Wochen ein. Später gingen wir zu monatlichen Treffen über, und heute finden unsere Zwiegespräche meist nur noch bei konkretem Anlass statt, je nachdem, was sich in Stephanies Leben gerade tut, dann aber je nach Bedarf auch wieder intensiver und öfter.*

*Manchmal trafen wir uns auch zu philosophischen Spaziergängen, wie wir diese kurzen Ausflüge nannten, die meist verschiedene Destinationen hatten. Dabei war zwar auch ein gewisser Zeitrahmen vorgegeben, den wir jedoch spontan nicht immer einhielten, weil wir vielleicht länger bei einer Jausenstation verweilten als ursprünglich geplant oder wir, ganz in unser Zwiegespräch vertieft, sehr viel weiter wanderten als gedacht. Das liegt in der Natur der Sache, wie Gespräche sich entwickeln, ist nicht immer planbar. Aber natürlich war auch dafür eine gewisse grundsätzliche Planung erforderlich.*

*Neben dem Seehaus und unseren Wanderungen gab es zuweilen auch andere Orte, an denen wir einander begegneten. Es waren immer Örtlichkeiten oder Räume, die Stephanie mit Bedacht wählte, um die dort gespeicherten Informationen und Energien mit mir zu teilen. Da gab es zum Beispiel eine kleine Kapelle in einem Dorf, das nur aus drei Häusern bestand. Die kleine Stephanie betete dort sehr oft mit ihrer Mutter. Wenn wir uns dort trafen, war es immer ein wunderschönes gemeinsames Innehalten, ein Moment der Stille. Oft ließen wir diese andächtigen Momente in einem nahe gelegenen, zu diesen Zeiten wenig frequentierten Gasthaus bei Speis und Trank ausklingen. Dort entwickelte sich meistens ein tiefer Gedankenaustausch, der weit über das eigentliche Gesprächsthema hinausging und in gewisser Weise doch immer damit zu tun hatte.*

Ich denke, diese Schilderung der Zwiegespräche mit Stephanie zeigt, wie wichtig die Wahl des richtigen Ortes, aber auch die Festlegung eines passenden Zeitpunktes für eine solche Konversation mit Ihrem Sparringspartner ist. Auch wenn Sie vermutlich die Einrichtung Ihres Büros nicht von Ihrem Vater übernommen haben, rate ich von der Abhaltung der Gespräche mit Ihrem Ganz-Ohr-Hasen in Ihrem unmittelbaren beruflichen Umfeld, also Ihrem eigenen Büro oder einem Konferenzraum im Unternehmen, eher ab. Klar, wie auch Stephanie zu Beginn so richtig anmerkte, es ist logistisch einfacher, vor Ort, in der Firma zu bleiben und nach einem langen Tag mit wahrscheinlich vielen Terminen nicht noch durch die Gegend zu fahren, aber dieser Aufwand lohnt sich! Überlegen Sie sich, an welchen Orten in der Natur oder in welcher Location Sie sich besonders wohlfühlen, und laden Sie Ihren Sparringspartner ein, Sie dorthin zu begleiten. Speziell für die ersten Gespräche ist es wichtig, sich in einer vertrauten Umgebung zu befinden, um sich in der Tiefe öffnen zu können. Später dann ergeben sich neue Zwiegesprächsräume ganz von selbst, sie entwickeln sich, wie auch die Gesprächsthemen sich automatisch ausdehnen und verändern. Nehmen Sie sich auf jeden Fall ausreichend Zeit, um Ihre persönliche, vertraute und geschützte Speakers' Corner zu finden!

# Kapitel 6

# Speguloreflexologie – Gedanken neu ordnen und Klarheit gewinnen

*Je mehr ich meinem Gegenüber Beachtung und Wertschätzung schenke, desto intensiver kann sich der Austausch gestalten.*

## Ein bahnbrechender Abend auf dem Yoga-Kongress

*Thomas ist Vorstandsvorsitzender eines großen Handelsunternehmens im Bereich Food & Beverage. Wir haben uns erstaunlicherweise durch Zufall auf einem Yoga-Kongress in Wien kennengelernt. Er war damals als Begleiter seiner Ehefrau, einer begeisterten Yoga-Anhängerin, anwesend, und ich stieß anlässlich der Abendveranstaltung dazu, weil meine damalige Lebensgefährtin als geladene Rednerin einen Vortrag über makrobiotische Ernährung hielt. Da ihr Vortrag erst später am Abend angesetzt war, hatte sich bei ihrer Rede das Publikum im Saal bereits stark gelichtet. Sie versuchte daher, sich kürzer zu fassen als vorgesehen, um danach mehr Zeit zu haben, auf die Fragen der Anwesenden einzugehen. Das erwies sich als die richtige Entscheidung, denn es kam am Ende ihrer Ausführungen tatsächlich zu einer regen Publikumsdis-*

*kussion. Die Ehefrau von Thomas zeigte sich sehr interessiert und stellte an diesem Abend bei Weitem die meisten Fragen.*

*Nach der Veranstaltung fanden sich alle Teilnehmenden im Foyer des Hotels zu einem Abschlussdrink zusammen. Thomas stand etwas abseits des Treibens an einem Stehtisch, knabberte gedankenversunken an den üblichen Snacks und wirkte etwas gelangweilt. Mir erging es während des gesellschaftlichen Teils dieses Abends ähnlich. Ich entschied mich kurzerhand, ihn unverblümt anzusprechen, in der Hoffnung, dass wir uns gegenseitig Gesellschaft leisten könnten. Er war sichtlich darüber erfreut und reichte mir als Zeichen der wohlwollenden Begrüßung gleich ein Glas Sommerspritzer vom Tresen nebenan herüber. Wir prosteten uns zu und waren nach der kurzen Aufwärmphase des sich gegenseitigen Vorstellens bald in eine rege Unterhaltung vertieft. Im Laufe des Gesprächs kam meinerseits auch die Spegulorereflexologie zur Sprache, und ich stellte Thomas das Konzept des Ganz-Ohr-Hasen als Reflektor in kurzen Umrissen vor. Unsere Unterhaltung verlief so intensiv, dass wir das Geschehen rund um uns völlig vergaßen und die Zeit wie im Fluge verging. Erst als Thomas' Frau Emilia und meine Lebensgefährtin sich zu uns gesellten, stellten wir mit Erstaunen fest, dass alle anderen Gäste bereits gegangen waren. Unsere beiden Damen waren sehr erfreut darüber, sich in dieser Konstellation wiederzufinden. Wir entschieden spontan, unser Beisammensein im Loungebereich der Hotelbar fortzusetzen. Trotz der späten Stunde war die Küche noch geöffnet, und wir bestellten ausgehungert eine Auswahl an Fingerfood. Das Küchenpersonal gab sich allergrößte Mühe und stellte ein beachtliches Arsenal an kleinen Köstlichkeiten zusammen. So saßen wir da in gemütlicher Runde, frönten den lukullischen Freuden und plauderten über Gott und die Welt. Zu dem Zeitpunkt waren wir schon alle per Du.*

*Plötzlich schaute Thomas in die Runde, grinste und sagte dann an seine Frau gewandt mit leicht spöttischem*

Grinsen: »Emilia, weißt du eigentlich, dass ein Ganz-Ohr-Hase hier mit am Tisch sitzt?« Emilias Augenbrauen schossen in die Höhe. »Welcher Hase soll hier sein?«, fragte sie dann ungläubig. Nachdem Thomas weiter nichts sagte und nur spitzbübisch über die Reaktion seiner Frau lachte, blieb es mir überlassen, Emilia den Ganz-Ohr-Hasen und die Speguloreflexologie zu erklären. Aber ich kam nicht weit. Denn als ich gerade damit begann, die Thematik der Einsamkeit in Führungspositionen näher zu beleuchten, unterbrach mich Emilia und sagte, an ihren Mann gewandt: »Genau das sagst du doch auch immer, Thomas, wenn du am Abend fix und fertig nach Hause kommst. Dass du dich in deiner Vorstandsposition oft einsam und alleine fühlst. Alle würden dir nur nach dem Munde reden und es gäbe in der ganzen Firma niemanden mehr, der dir die Wahrheit sagt und dir anvertraut, was er oder sie wirklich denkt.« Thomas nickte bestätigend und meinte: »Das stimmt, dieses Einsamkeitsgefühl ist latent vorhanden, aber im alltäglichen Geschäft habe ich mich schon ganz gut damit arrangiert. Besonders bedrückend und schwer zu ertragen ist diese Einsamkeit aber dann, wenn schwerwiegende strategische Entscheidungen anstehen und ich mich unter Umständen sogar gegen eine Mehrheit im Vorstand mit meinen Plänen durchsetzen muss. Da fühle ich mich oft schon sehr alleine. Aber das ist in meiner Position nun einmal so, dagegen ist kein Kraut gewachsen, damit müssen alle Führungskräfte leben.«

Ich hörte Thomas zu und dachte mir: Oh ja, dieses Kraut gibt es sehr wohl, es nennt sich Zwiegespräch, aber du, lieber Thomas, bist dafür im Moment noch nicht offen. Ich hatte schon während unserer Unterhaltung im Foyer erkannt, dass Thomas als gestandener Wirtschaftsingenieur ein sehr rational denkender Mensch und in seinen Überlegungen stark lösungsorientiert veranlagt ist. Hat er ein Problem, will er dafür rasch eine Lösung finden und ist unter Umständen auch bereit, dafür einen hohen Preis an eine Consultingfirma zu bezahlen. Wichtig ist ihm dabei aber, dass er durch die Notorietät des Consultingunternehmens gegenüber allem und jedem abgesichert ist und er sich somit ein Stück weit aus der Verantwortung ziehen kann, sollte die Entscheidung sich in späterer Folge als nicht erfolgreich erweisen. Er ist sehr stark in diesem Denken verhaftet und kann sich gerade noch nicht vorstellen, wie ein schlichtes Zuhören seitens eines Sparringspartners bei ihm Neuordnung in seiner Gedankenwelt auslösen soll. Laut sagte ich zu Thomas: »Aber hast du nicht ab und zu das Bedürfnis, mit jemandem offen über alles zu sprechen, was dich bewegt? Gerade vor wichtigen Entscheidungen dich mit einer Person deines Vertrauens auszutauschen, die verschiedenen Optionen abzuwägen und auch deine etwaigen Ängste zu kommunizieren? Und damit meine ich explizit eben nicht deine Vorstandskollegen oder bezahlte Consultants und Coaches?« Thomas überlegte länger und sagte dann: »Ich weiß nicht. Es klingt schon interessant, aber wer soll das denn sein? Wie kann ich mir das Phänomen des Ganz-Ohr-Hasen in der Praxis vorstellen? Der – wer immer es ist – hat doch keinerlei Kenntnis über meine Organisation und die Details meiner Aufgabe, was soll er denn da bewirken?« Schon alleine daran, in welchem Tonfall er »Ganz-Ohr-Hase« aussprach, erkannte ich seine tiefe Skepsis. Vermutlich fragte er nur aus Höflichkeit nach den Details.

»Es geht gar nicht um Erkenntnisvermittlung und auch nicht darum, aktiv etwas zu bewirken, sondern einzig und allein darum, durch mein bewusstes, achtsames Zuhören als Reflektor und Ganz-Ohr-Hase für meinen Gesprächspartner ausreichend Denkraum zu schaffen, um die Dinge selbst klarer zu sehen«, antwortete ich zugegebenermaßen etwas trocken. Ein kurzer Moment der Stille stellte sich ein. Thomas konnte sichtlich nichts mit meiner Ausführung anfangen und blickte mich verdutzt an, ganz so, als hätte ich mich in einer Sprache ausgedrückt, derer er nicht mächtig war.

Da ergriff Emilia wieder forsch das Wort: »Ich glaube

*zu verstehen, was du meinst, lieber Paul. Genau das mache ich doch seit Jahren mit meiner Freundin Theresa. Du kannst dich doch erinnern, Thomas, wie schlecht es mir emotional ging, als unser Nesthäkchen Steffi nach Wien zog, um dort Theaterwissenschaften zu studieren. Auf einmal war ich die meiste Zeit allein zu Hause und fühlte mich oft sehr einsam. Auch wenn wir damals in unser zwar kleineres, aber wunderschönes neues Haus mit Pool umgezogen waren, galten wir in der neuen Umgebung doch als frisch Zugereiste. Zu Beginn war es mir natürlich nicht möglich einzuschätzen, wem in unserer direkten Nachbarschaftsumgebung ich mich anvertrauen konnte und wem nicht. Wenn du abends nach Hause kamst, warst du meist vollkommen ausgelaugt und wolltest immer zuerst deine Ruhe haben, bevor du für mich ansprechbar warst. Oder du bist sowieso gleich vor dem Fernseher eingeschlafen«, erzählte sie mit einem liebevollen Augenzwinkern. »Da wollte ich dich nicht zusätzlich mit meinen, wie ich damals meinte, Luxusproblemchen belasten. Also sagte ich nichts, behielt alles für mich, was mich so sehr bedrückte und mit der Zeit immer unglücklicher machte. Meine Gedanken vernebelten sich, es fühlte sich an, als würde ich mich andauernd im Kreis drehen. In solchen Momenten war es für mich eine große Hilfe, dass meine Freundin Theresa quasi jederzeit für mich erreichbar war. Sie ist eine sehr gute Zuhörerin! Theresa quatscht nie dazwischen, lässt mich ausreden, auch wenn ich mich mal in konfusen Gedankengängen verliere, urteilt nicht und gibt mir vor allem auch keine Ratschläge. Sie ist eine intelligente Frau mit viel Lebenserfahrung. Sie hat selbst, wie du weißt, Thomas, bereits so einiges durchgemacht, sowohl privat als auch in ihrem beruflichen Werdegang. Sie stellte mir im Gespräch auch ab und an eine Frage und erwähnte manches Mal auch Analogien aus ihrem eigenen Leben, die zu dem von mir Geschilderten passten. Und das war wirklich tröstlich und vor allem wirksam! Bereits während unserer Gespräche fühlte ich, wie meine wil-*

*den Gedankenknäuel begannen, sich langsam zu entwirren. Je öfter ich in der Konversation mit ihr meine diffusen Ängste und Emotionen in Worte fasste, desto klarer erkennbar wurden deren Konturen für mich, und die Schatten verloren auf diese Weise mit der Zeit ihren Schrecken und ihre Bedrohlichkeit. Ich konnte dann zusammen mit Theresa sogar manchmal über mich selbst lachen«, erzählte Emilia animiert weiter.*

*Die beiden haben also regelmäßig ein Zwiegespräch abgehalten, in dem Theresa nach meinem Konzept ganz eindeutig die Rolle des Ganz-Ohr-Hasen, also eigentlich der Ganz-Ohr-Häsin, übernommen hatte. Ich war deshalb innerlich schon längere Zeit am Lächeln und fragte mich: Ob Emilia wohl bald erkennt, dass sie die Speguloreflexologie die ganze Zeit bereits praktiziert hat?*

*Emilia holte jetzt tief Atem und setzte fort: »Aber wisst ihr, mein Missmut betraf damals nicht nur meine Situation zu Hause. Ich hatte grobe Verfehlungen bei uns in der Amtsverwaltung aufgedeckt, wo es um Veruntreuung von Geldern im großen Umfang ging. Ich hatte Angst und absolut keine Ahnung, wie ich damit umgehen sollte. Ich wusste einfach zu viel, und die Seilschaften waren weitreichend. Wenn ich meinem Gewissen folgte und an die Öffentlichkeit ging, würden die mich fertigmachen, das war mir klar. Dieser große innere Druck löste dann auch noch eine Depression bei mir aus! Da ich kurz vor der Pensionierung stand, wollte ich kein Risiko eingehen und nahm meine häusliche Depression als Vorwand, um mich vorsichtshalber länger krankschreiben zu lassen. Das alles belastete mich ungemein. Am liebsten hätte ich sofort gekündigt und alles publik gemacht, aber den Lohnausfall hätten wir uns nach dem Ankauf des neuen Hauses nicht leisten können. Die Gespräche mit Theresa halfen mir ungemein, meine Gedanken immer wieder neu zu ordnen und dadurch Klarheit zu gewinnen. Sie musste dabei gar nichts Großartiges tun oder sagen. Allein, dass sie achtsam für mich da war, hat mir enorm geholfen, wieder zu mir selbst zu finden«, schloss Emilia mit leicht zittriger Stimme. Sie streckte die Hand nach ihrem Weinglas aus und wollte es zum Mund führen. Mitten in der Bewegung hielt sie inne. »Aber ...«, sagte sie mit weit aufgerissenen Augen, »aber dann habe ich ja in der Person von Theresa genau den Ganz-Ohr-Hasen gehabt, den du schilderst, Paul, oder?«, fragte sie und schaute mich leicht fassungslos an. »Ja, das hast du wohl, liebe Emilia, du hast diese ganze schwere Zeit über regelmäßige Zwiegespräche geführt, in denen du alles ausgesprochen hast, was du sonst niemandem anvertrauen konntest oder wolltest.« Emilia nickte heftig. »Und was ist dann noch passiert?«, fragte ich, da ich die Wirkkraft solcher Gespräche ja nur zu gut kenne. Emilia begann zu strahlen. »Ich habe mit Yoga begonnen!«, rief sie begeistert. »Und das hat mir wirklich dabei geholfen, wieder zu mir selbst zu finden. Meine Weltanschauung hat sich seitdem vollkommen geändert, ich gehe seitdem sehr viel offener auf Menschen zu und interessiere mich für sie. Ich bin viel entspannter, und das tut auch unserer Beziehung gut! Wir sind jetzt fast wieder ein richtiges Liebespaar«, sagte sie augenzwinkernd.*

*Thomas blickte seine Frau entgeistert an. Er wirkte verwirrt. Ich hatte auch wahrgenommen, dass er bei ihrer Aussage, dass sie ihn mit ihren Problemen nicht belasten wollte, zusammengezuckt war. Erschüttert setzte er zum Sprechen an: »Ich wusste ja nicht, ich meine, ich dachte, warum hast du nichts gesagt ...«, stotterte er schließlich. Emilia lächelte ihn beruhigend an. »Es war gut, dass ich mit Theresa in diese Zwiegespräche ging. So, wie ich die Ausführungen von Paul verstehe, sollte der Ganz-Ohr-Hase – oder die Häsin in meinem Fall – vorzugsweise eine neutrale Person sein, damit das Zwiegespräch und das Spiegeln wirken können. Es war schon alles richtig so.« Thomas wirkte erleichtert. »Jedoch«, setzte Emilia fort, »ich glaube, es ist höchste Zeit, dass auch du deinen Reflektor findest, um dir viele Dinge, die dich in deinem Unternehmensalltag belasten, von der Seele zu reden. Wie gut, dass schon einer am Tisch sitzt!«, schloss sie vielsagend. Thomas sagte nichts und blickte mich länger an.*

*Um die darauffolgende Gesprächspause zu unterbrechen, sagte meine Lebenspartnerin: »Emilia, ich kann das so gut verstehen! Aber so eine tolle Freundin wie Theresa habe ich leider nicht. Da gibt es keine, der ich mich ganzheitlich anvertrauen könnte. Daher teile ich die Themenbereiche, die mich beschäftigen, unter mehreren Freundinnen auf, je nachdem, mit welcher ich die bestimmte Thematik besser bereden kann. Und dann habe ich ja hier noch meinen persönlichen Ganz-Ohr-Hasen, der mir jederzeit geduldig zuhört, wann immer ich ihn brauche.« Kurz darauf sagten wir einander gute Nacht und suchten unsere Hotelzimmer auf.*

*Am nächsten Morgen frühstückten wir gemeinsam. Thomas folgte mir zum Büffet und raunte mir nervös ins Ohr, ob wir uns demnächst einmal an einem ruhigen Ort, er wüsste da schon eine passende Location, treffen könnten. Er hätte etwas Dringliches mit mir unter vier Augen zu bereden und pochte auf höchste Diskretion. Na dann, dachte ich mir, Thomas scheint durch das Beispiel seiner Frau, die schon länger lange und trostreiche Zwiegespräche geführt hatte, verstanden zu haben, in welchen Situationen so ein Gespräch mit einem Ganz-Ohr-Hasen recht nützlich sein kann, wenn man den richtigen gefunden hat.*

## Speguloreflexologie – Gedanken neu ordnen und Klarheit gewinnen

Diese Art von holistischem Feedback im bewussten Zwiegespräch, das Emilia und Theresa regelmäßig geführt haben und Thomas und ich seit einiger Zeit nun auch praktizieren, nenne ich Speguloreflexologie. Wie schon in meinem Vorwort erwähnt, ist »Spegulo« Esperanto und bedeutet Spiegel.

Die Wortschöpfung Speguloreflexologie ist ein Versuch, einem eigentlich allseits bekannten Phänomen einen Namen zu geben und somit ein Bewusstsein zu schaffen für das, was dadurch entstehen kann. Erst, wenn etwas einen Namen hat und es eine Bezeichnung dafür gibt, wird es wahrgenommen und existiert als eigenständiges Phänomen. Gibt es keinen Namen, trifft oft auch das Phänomen nicht in Erscheinung! Die Frühjahrsmüdigkeit zum Beispiel gibt es als allgemein anerkannte Erscheinung nur im deutschsprachigen Raum. In der französischen Sprache existiert das Wort schlichtweg nicht, und somit gibt es weder das Phänomen noch irgendwelche Medikamente. In England existiert keine »spring fatigue« und in Spanien gibt es keine »astenia primaveral«. In all diesen Ländern ist die Frühjahrsmüdigkeit gänzlich unbekannt! Biologische Tatsache oder kollektive Einbildung? Ohne die vorhandene Namensgebung würde die »Frühjahrsmüdigkeit« unter Umständen in deutschen Landen auch nicht existieren.

Unser Spiegel im Sinne der Speguloreflexologie reflektiert immer im Hier und Jetzt, und zwar genau das, was momentan Sache ist. Zahlen werden als Zahlen wiedergegeben, Fakten als Fakten, Fragen als Fragen. »Das Gestern« erkennt er nicht an, ebenso wenig wie »das Morgen«. Denn beides existiert im Spiegel nicht. Der Spiegel zwingt eindeutig zur Selbstreflexion im JETZT. Sobald ich mich einem Spiegel zeige, werde ich gespiegelt, er kann gar nicht anders.

Er macht mich nicht schöner, als ich bin, aber er assistiert mir dabei, äußerlich das Beste aus mir zu machen. Make-up erkennt er als Make-up und schlecht sitzendes Haar als »bad hair day«.

Der Spiegel will aber auch wahrgenommen werden für das, was er ist, und vor allem möchte er geschätzt, gehegt und gepflegt werden. Wer seinen Spiegel nicht ausreichend achtet, nicht putzt und achtlos in eine Ecke stellt, muss sich nicht wundern, wenn dieser Spiegel nur mehr diffuse Bilder sendet oder sogar ganz erblindet. Wer ihn zerbricht, schaut auf ewig in ein verzerrtes Gesicht. Oder könnte sieben Jahre Pech haben, aber ich denke, mit diesem Aberglauben brauchen wir uns nicht näher zu beschäftigen. Es nützt auch nichts, den Spiegel auszutauschen, wenn man mit seinem aktuellen Spiegelbild nicht zufrieden ist. Ein anderer oder ganz neuer Spiegel wird definitiv keine besseren Resultate erzielen, denn Sie werden immer noch in das gleiche Gesicht schauen! Die Reflexion wird sich nur dann ändern, wenn Sie Ihren Gesichtsausdruck ändern. Klar können Sie sich vor Ihrem Spiegel verstecken, wenn Ihnen das Gezeigte nicht gefällt. Aber sobald Sie ausgehen und sich für wichtige Termine »schön machen« wollen, brauchen Sie ihn wieder. Vor dem Spiegel gibt es kein Entkommen! Je mehr Spiegel Sie aus verschiedenen Blickwinkeln benutzen, desto kompletter wird das Bild, das Sie von sich bekommen. Der Einsatz von zu vielen Spiegeln allerdings könnte verwirren, so wie wir das aus dem Spiegellabyrinth am Jahrmarkt kennen. Anstatt uns den Weg zu zeigen, erschweren uns diese vielen Spiegel dann die Sicht auf das Wesentliche, bringen uns durcheinander und könnten uns dadurch sogar in die falsche Richtung dirigieren.

Alles, was Sie dem Spiegel über sich erzählen, wird über Gestik und Mimik wahrgenommen. Der menschliche Spiegel, der Ganz-Ohr-Hase, verfügt jedoch noch über weitere Spiegelrezeptoren, die alle Sinnesorgane umfassen, nicht nur die optischen Signale. Zusätzlich kommen in einem Zwiegespräch dann noch die Aura und die Herzfrequenz dazu, die Emotionen und die Ausstrahlung. Dem Spiegel können Sie keinen Aspekt Ihrer Persönlichkeit vorenthalten, denn er nimmt Sie stets ganzheitlich wahr. Der Spiegel sieht nicht nur den Geschäftsmann, er sieht auch den Schelm, den Sportler, den Vater, den Ehemann und alle anderen Facetten, die Sie ausmachen.

Sehen und »ganz Ohr sein«, das Bemühen um Wahrnehmung und Resonanz, schafft Bindung und findet auch dann statt, wenn einmal nicht geredet wird. Stumme Ausdrucksformen wie die Poesie oder die Malerei vermögen ja auch einen Aufschrei mit einer vielfacheren Intensität darzustellen als das Original es jemals vermag. Jede Spiegelung ist immer auch ein unbewusster Austausch von Beachtung, ein gegenseitiges Beobachten. Je mehr ich meinem Gegenüber Aufmerksamkeit und Wertschätzung schenke, desto intensiver kann sich der Austausch gestalten. Das betrifft übrigens jede Art von Begegnung: das Mitarbeitergespräch, Kundengespräch, Verkaufsgespräche, vor allem aber das bewusste Zwiegespräch!

Im krassen Gegensatz zu dieser Form der wertschätzenden Beachtung steht eine uralte, sehr spezielle, dennoch höchst effektive, wenn auch manchmal harte und unbarmherzige gruppendynamische Art der Reflexion, nämlich Klatsch und Tratsch. Diese Art der Reflexion beinhaltet eine nicht zu unterschätzende soziale Komponente. Der Klatsch schwört die Gemeinschaft auf einen inneren Wertekompass ein und übt eine gewisse soziale Kontrolle aus. Das gilt übrigens auch für die Berufswelt. In der Gruppe über andere zu lästern, zeigt zugleich Richtwerte auf, wie das Verhalten, welches von Ihnen erwartet wird, zu sein hat. Die werten Kollegen und der Chef sind beliebte Klatschsujets, natürlich nur unter der Voraussetzung, dass sie nicht anwesend sind. Man kann es auch so ausdrücken: Ob harmloses Jammern oder bösartiges Mobbing, solange über Sie geredet wird, finden Sie als Teil des Netzwerks Beachtung!

Das gibt zwar ein Gefühl der Zugehörigkeit, setzt Sie aber auch dem möglicherweise ungebührlichen Einfluss jener Personen aus, von denen Sie diese Beachtung beziehen. Wer aus dem Beachtungshunger heraus handelt, ist jedoch angstbestimmt! Die oftmals damit verbundene Gier, gesehen zu werden, fundiert auf einem ausgeprägten Defizit an Liebe und Zuneigung. Die viele Arbeitszeit, die darauf verwendet wird, das Geld für all diese Persönlichkeitsprothesen zu erwirtschaften, fehlt dann, um den freundschaftlichen Austausch zu pflegen oder um ein achtsames Zwiegespräch zu führen. Das gesunde Bedürfnis nach Aufmerksamkeit ist dabei keinesfalls eine Schwäche, sondern gehört zu unseren Grundbedürfnissen, in gleichem Maße wie Wertschätzung, Geborgenheit, Zuwendung, Berührung und Nähe. Wenn jedoch der Gruppenzwang den eigenen Willen ersetzt, wird es höchste Zeit für eine grundlegende Neuordnung der Gedanken.

## Ein erstes Zwiegespräch mit Thomas

*Thomas erwartete mich bereits auf der Veranda des idyllischen Wochenendhäuschens im südlichen Weinviertel. Hier könnten wir wirklich ungestört reden, hatte er gemeint. Es handelte sich bei dem Wochenenddomizil von Emilia und Thomas um ein umgebautes Kellerstöckl, das sein Vater in mühsamer Handarbeit über mehrere Jahre hinweg renoviert und somit vor dem Verfall gerettet hatte. Es bildete den perfekten Rahmen für unser erstes Zwiegespräch, und ich spürte, dass Thomas sich hier wohlfühlte und ganz er selbst sein konnte.*

*Ich freute mich sehr, Thomas wiederzusehen, denn ich hatte den gemeinsamen Abend mit unseren Partnerinnen* und den schönen Austausch sehr genossen. Er machte jedoch ein ernstes Gesicht. So hatte ich ihn gar nicht in Erinnerung. Wir blieben dieses Mal auch beim Leitungswasser, das er eisgekühlt in schweren Gläsern ohne Stiel kredenzte. Ich war erleichtert, da ich bei solchen Gesprächen in der Regel keinen Alkohol trinke. Wir saßen gemütlich nebeneinander auf der mit wildem Wein überwachsenen Veranda und blickten auf die hauseigenen Rebstöcke. Idylle pur! Aber nur die Umgebung betreffend. Ich merkte sofort, etwas schien Thomas intensiv zu beschäftigen.

»Ich bin so froh, dass ich dich getroffen habe«, eröffnete Thomas das Gespräch. »Der Yoga-Kongress letztens hat mich eigentlich ja nicht einmal peripher interessiert. Das alles ist im Grunde nicht meine Welt. Ich mache das nur mit, weil ich Emilia nicht enttäuschen möchte. Sie gibt sich so viel Mühe, unsere Beziehung zu verbessern. Sie glaubt, es liegt an ihr, und versucht alles Menschenmögliche, um wieder zu sich selbst zu finden, wie sie es nennt. Sie denkt, wenn es ihr wieder besser geht, wird es auch uns als Paar besser gehen. Wir haben einander jedoch bereits seit langer Zeit verloren, um in der gleichen Wortwahl zu bleiben. Seitdem die Kinder aus dem Haus sind, hat sie sich komplett verändert. Vorher war die Welt noch in Ordnung. Es lief alles so, wie ich mir mein Leben immer vorgestellt hatte. Ich konnte mich auf meine Karriere konzentrieren, was uns als Familie ja insgesamt zugutekam. Emilia blieb nach der Geburt der Kinder zu Hause und kümmerte sich bravourös um den Haushalt und die Erziehung. Als die Kinder größer waren, nahm sie eine Halbtagsstelle an, bei der sie ihre Zeit sehr gut einteilen und daher trotzdem immer für die Kinder da sein konnte. Wir waren ein unschlagbares Team und konnten uns jederzeit aufeinander verlassen. Ich hatte wohl von Zeit zu Zeit ein Gspusi, du weißt, wie das ist, wenn man oft auch längere Zeit geschäftlich unterwegs ist und sich einsam und alleine fühlt. Aber ich hätte nie für eine andere Frau unsere Ehe aufs Spiel gesetzt.«

*An dieser Stelle wurde Thomas noch nervöser, er druckste herum und wusste nicht, wie er weitermachen sollte mit seinen Ausführungen. Ich gab ihm zu verstehen, dass er sich keine Sorgen zu machen brauchte, von mir würde alles Gesagte streng vertraulich und diskret behandelt. Ich ermutigte ihn, weiterzureden und dabei kein Blatt vor den Mund zu nehmen, wir waren schließlich unter uns. Er ging ins Haus und kam mit einer Flasche Wein zurück. Er schenkte sich ein und nahm einen kräftigen Schluck, bevor er mit dem Gespräch fortfahren konnte.*

*»Emilia hat an der gleichen Universität studiert wie ich, wir haben uns beim Studium kennengelernt. Sie hat ihre eigene Karriere für mich und unsere Kinder zurückgesteckt, so hatten wir das von Anfang an besprochen. Und ich Trottel bin dabei, diesen unseren Lebensplan gehörig zu vermasseln.« Er schwieg und blickte verstört auf die uns umgebenden Weinberge. Nach einem tiefen Seufzer fuhr er fort: »Ich werde wahrscheinlich demnächst vorzeitig aus meinem Vorstandsvertrag entlassen werden. Und ich habe keine Ahnung, wie es dann weitergeht. Unsere Handelskette wurde bereits vor einer Weile verkauft, und die neuen Besitzer werden über kurz oder lang mit Sicherheit einen ihrer eigenen Manager als Vorstandsvorsitzenden etablieren. Das wird dann finanziell vermutlich sehr eng. Wir haben uns gerade dieses neue Haus geleistet und wollten dort und hier im Weinviertel einen gemütlichen, unaufgeregten Ruhestand verbringen. Das ist nun vielleicht nicht mehr möglich. Das zermürbt mich zunehmend. Außerdem muss ich tagtäglich nach außen den taffen Geschäftsmann abgeben, den Chef spielen, der alles im Griff hat, und meine Mitarbeiter beruhigen, die Angst haben, dass sie ihre Arbeitsplätze verlieren. Diese Angst ist mehr als berechtigt, und ich bin sehr wahrscheinlich der Erste, der gehen muss. Zu Hause erzähle ich meiner Frau oft, dass ich auf Geschäftsreise bin, weil die neuen Besitzer mich auf die weiteren großen Aufgaben in Form von Schulungen vorbereiten*

*würden. In Wirklichkeit habe ich mich in einem entlegenen Hotel in der Stadt eingemietet, damit sie nicht merkt, wie ich jede Nacht wach liege und mir Sorgen mache. Ich habe zum ersten Mal in meinem Leben Angst, total zu versagen.«*

*Thomas hatte jetzt Tränen in den Augen. Er nahm noch einen Schluck Wein und schaute mich hilfesuchend an. Ich hatte genau zugehört und mir dabei schon ein Bild gemacht. Die Existenzängste und die Sorge, von seiner Familie als Versager wahrgenommen zu werden, hatte seine sonst so klare Wahrnehmung völlig vernebelt. Er konnte eindeutig nicht mehr klar denken und wirkte auch körperlich wie gelähmt. Ich merkte, dass er sichtlich Schmerzen beim Hinsetzen und Aufstehen hatte und ihm auch das Gehen schwerfiel, ganz so, als trüge er die Last seiner gesamten Ahnenreihe auf den Schultern. Ich sagte: »Komm, wir gehen in den Weingärten spazieren.« Nach einem Moment der Überlegung nahm er mein Angebot an, und wir spazierten bei hereinbrechender Dämmerung aus dem Dorf hinaus. »Danke für dein achtsames Zuhören«, sagte Thomas plötzlich. »Ich fühle mich sehr erleichtert.« Im Gehen machten wir auf mein Betreiben hin eine glasklare Bestandsaufnahme der Fakten, die gar nicht so düster waren, wie sie von Thomas in seinem Angstnebel wahrgenommen wurden. Er wusste im Grunde ja genau, dass er für den tatsächlichen Fall der vorzeitigen Aufkündigung seines Vorstandsvertrages eine sehr hohe Abfindung erhalten würde. Und könnte als in der Branche sehr bekannter und geschätzter Manager danach rasch eine ähnliche Position antreten oder sich auch als Consultant selbstständig machen. Er vertraute mir an, dass er die Idee des selbstständigen Beraters schon länger mit sich herumtrug. Ich machte ihn in meiner Rolle als Reflektor auch darauf aufmerksam, dass er sich über Dinge Sorgen machte, die eventuell nie eintreten würden. Es sei ja noch gar nicht entschieden, wie es mit seiner Vorstandsposition weitergehen würde.*

*Als wir wieder beim Kellerstöckl ankamen, war es be-*

*reits stockfinster. Thomas wirkte gelöster. Seine Sorgen hatten sich natürlich noch nicht zur Gänze aufgelöst, aber zumindest hatten wir gemeinsam die alternativen Entwicklungsmöglichkeiten durchleuchtet, und die sahen gar nicht schlecht aus. Unser Spaziergang in der Natur hatte Thomas auch dabei geholfen, neue Erdung zu finden und im Hier und Jetzt zu überlegen, anstatt bloß angstvoll und vernebelt in die Zukunft zu blicken. Als wir wieder auf der Terrasse saßen, erinnerte ich ihn auch daran, dass sein Vater so viele Jahre damit verbracht hatte, dieses Gebäude so wunderschön zu renovieren. Das war mit Sicherheit beinharte Arbeit gewesen, und er hatte vermutlich auch den einen oder anderen Rückschlag erlebt, bevor er sein Bauvorhaben abschließen konnte. Auch diese Gedanken halfen Thomas dabei, seine Situation positiver zu betrachten und zu beschließen, das Beste daraus zu machen.*

*Wie auch immer es ausgehen würde, eines war ihm nun klar. Er würde als Gewinner aus der Situation hervorgehen! Diese Einsicht stellte sich kurz nach unserem Gespräch wie von selbst bei ihm ein. Ich musste grinsen, als er mir beim Abschied siegessicher auf die Schulter klopfte und meinte, einen wie ihn würden die so schnell nicht kleinkriegen! Bevor ich mich auf den Heimweg machte, riet ich ihm noch, gefälligst zu Hause bei seiner Frau zu übernachten und nicht im Hotel. Die Nähe zu ihr würde ihre Verbindung neu stärken und ihm auch die Kraft geben, das bislang noch Unbekannte zu meistern. Wir vereinbarten einen weiteren Termin im Kellerstöckl, und ich bot ihm auch an, jederzeit telefonisch für ihn zur Verfügung zu stehen.*

*Manchmal bedarf es nur eines Gesprächs, um wieder mehr Klarheit zu gewinnen!*

Anhand dieses Beispiels wird auch klar ersichtlich, welchen enormen Einfluss unsere Beziehungsformen auf unser Berufsleben haben und umgekehrt. Das ist keine neue bahnbrechende Erkenntnis. Viele Karrieren wurden ja erst möglich, weil ein Ehepartner, zumeist die Frau, ihre individuellen Interessen und Bedürfnisse, ihre eigene Karriere, zurücksteckte, um dem Ehepartner uneingeschränkt den Rücken frei zu halten. In der heutigen Zeit, in der traditionelle Beziehungsmuster für viele nicht mehr funktionieren und Work-Life-Balance und Homeoffice-Lösungen sowie die Mann-Frau-Rollenverteilung eine immer größere Rolle spielen und es immer mehr Singlehaushalte gibt, muss jeder für sich seinen eigenen Lebensentwurf gestalten und sich immer wieder selbst neu erfinden. Was lässt sich mit welchem Berufsmodell vereinbaren? Wo will ich hin? Was sind meine primären Bedürfnisse? Muss ich mich etwa sogar zwischen Beruf und Beziehung entscheiden? Wie werde ich meine Alltagsprobleme bewältigen?

Diese Fragen müssen Thomas und seine Frau Emilia sich nicht mehr stellen. Sie haben sich in der Partnerschaft vor langen Jahren für das traditionelle Modell der klaren Rollenaufteilung entschieden und müssen nun mit den Konsequenzen zurechtkommen. Unseren Kindern werden die Entscheidungen, wie sie leben möchten, noch eine ganze Weile Kopfzerbrechen verursachen, denn ein neues universelles Lebensmodell ist nicht in Sicht. Umso wichtiger ist es also auch in dieser Hinsicht, sich rechtzeitig mit dem richtigen Reflexionspartner zu umgeben.

Sehen wir uns nun noch im Detail an, welche weiteren Vorteile ein regelmäßiges Zwiegespräch im Rahmen der Speguloreflexologie für Sie als Führungskraft bringt.

## Endlich ungefiltertes Feedback – fundiert und direkt

Um dieser Überschrift gerecht zu werden, will ich zu dieser wichtigen Thematik sofort und ohne Umschweife zur Sache kommen und mit Ihnen ans Eingemachte gehen, an das, was überbleibt, wenn sonst nichts mehr da ist! Eines ist mir dabei wichtig, gleich klarzustellen: Es geht bei dem Feedback, das ich meine, nicht um die üblichen innerbetrieblichen Reportings oder Statistiken. Diese Art von Feedback und Feedforward ist sowieso ausschließlich zum internen Gebrauch in Ihrer Organisation gedacht. Ich schlage vielmehr vor, dass wir stattdessen den Stier bei den Hörnern packen und sofort jenes Feedback besprechen, um das es in wirksamen Zwiegesprächen wirklich geht.

Das Feedback, wie ich es als notwendig erachte und das ich hier beschreiben möchte, bezieht sich auf das Hier und Jetzt und nicht auf die etwaigen Gewinne oder Verluste oder sonstigen strategischen Möglichkeiten einer mehr oder weniger fernen Zukunft. Bei dem Feedback, das Sie als Führungskraft wirklich brauchen und das Ihnen hohen Nutzen bringt, geht es um jene Themen, die JETZT eine Rolle spielen. Sich auf anderes, eventuell noch gar nicht Bekanntes zu konzentrieren, macht keinen Sinn, was auch Thomas nach unserem ersten Zwiegespräch sehr viel besser verstanden hatte. Dieses JETZT hat unter Umständen entscheidende Auswirkungen auf Ihre persönliche und Ihre berufliche Zukunft, wie auch jene der Organisation, für die Sie tätig sind. Das Wahre existiert schließlich immer erst im gegenseitigen aktuellen Austausch. An die Stelle des bisherigen totalen Feedbackvakuums der verschiedenen Blasen, in die viele Führungskräfte automatisch gedrängt werden – und das ich in Kapitel zwei bereits ausführlich beschrieben habe –, tritt ein neutraler Gesprächspartner, mit dem Sie sich auf Augenhöhe austauschen können. Jemand, der Ihnen zuhört, wenn Sie über strategische Entscheidungen, umfangreiche Umstrukturierungen und andere wichtige Themen aus dem beruflichen und dem zumeist untrennbar damit verbundenen privaten Umfeld reden wollen. Jemand, der auch dann an Ihrer Seite ist und zuhört sowie reflektiert, wenn Sie Misserfolge zu berichten haben. Und das wird im Rahmen Ihrer Führungskarriere früher oder später immer der Fall sein. Eher früher.

Denn wer die Wahl zur »Miss Erfolg« gewinnen möchte, muss nun einmal Misserfolge einstecken können. Das gilt natürlich ebenso für die Wahl zum »Mister Erfolg«, aber dann funktioniert dieses Wortspiel nicht mehr so gut! Wie auch immer Sie sich Ihre Erfolge betreffend nennen möchten, eines ist evident: Misserfolge sind wie Bausteine, jeder einzelne stellt ein unabdingbares Teilchen des großen Ganzen dar, mancher fühlt sich leichter an, mancher sehr viel schwerer, aber alle tragen sie zu Ihrem persönlichen Wachstum bei! In dem Sinn gibt es eigentlich keine Fehltritte, denn das bezahlte Lehrgeld ist immer auch eine wichtige Investition in mehr Klarheit und Eigenständigkeit.

Leider ist es uns meist nicht gegeben, diesen positiven Ansatz sofort zu erkennen, wenn wir noch an den Schmerzen laborieren, die die eben über uns hereingebrochene Misserfolgskeule verursacht hat. Meistens sieht man in dieser Situation nämlich wenig bis nichts. Wenn ich in Situationen feststecke, in denen ich emotional komplett überfordert bin, die mich sowohl beruflich als auch privat aus der Bahn zu werfen drohen, sehe ich meist vor lauter Bäumen den Wald nicht mehr. Ich bin außerdem fest davon überzeugt, dass wir uns an das Auftreten solcher Situationen besser gewöhnen sollten. Auch wenn wir uns nach Stabilität und Sicherheit sehnen mögen, fortdauernde Beständigkeit hat es nie gegeben und wird es nie geben. Im Moment ist außerdem so ziemlich alles auf diesem Planeten im massiven Umbruch. Die

Schnelligkeit, mit der immerfort Wandel stattfindet, nimmt offenbar unaufhaltsam zu. In diesem konstant diffusen Zustand der kontinuierlichen Veränderung ist es besonders hilfreich und wertvoll, sich ganzheitlich austauschen zu können, indem wir uns auf ungeschöntes und ehrliches Feedback unserer Gesprächspartner verlassen können.

Ich selbst brauche in solchen oder ähnlichen Situationen immer wieder Reflexionspartner aus den verschiedensten Bereichen, mit denen ich Gespräche führen kann und die mir zu den jeweiligen Themen glasklares Feedback geben. Menschen, die mir kompetent zuhören, unterstützend, ähnlich einer Tangente, die der Kurve behilflich ist, ihre Bahn zu finden. Um einen schönen Bogen zu schlagen, braucht die Kurve mehrere Tangenten. Der Weg ist das Ziel, die Kurve bringt die Spannung hinein, die Tangenten, also die Begegnungen, weisen die Richtung.

Für dieses Buchprojekt pflegte ich zum Beispiel einen regelmäßigen Austausch mit einer guten Freundin, mit der ich Dinge, die das jeweilige Thema betrafen, detailliert besprechen konnte. Sie nahm in diesen Gesprächen kein Blatt vor den Mund und gab mir wirklich fundiertes, direktes und vor allem ungefiltertes Feedback, wenn ich mich zu sehr in Gedankengängen verrannte, die sie zwar interessant fand, die aber meilenweit weg vom eigentlichen Thema des Buches oder des jeweiligen Kapitels angesiedelt waren. Diese Reflexion half mir ungemein, dem strukturellen roten Faden, den ich zu Beginn dieses Buchprojekts sorgfältig erarbeitet hatte, durchgehend zu folgen und nicht in andere Themenwelten abzuschweifen. Darüber hinaus hatte ich während dieser intensiven Zeit des Schreibens auch unglaublich tolle und interessante Begegnungen mit anderen wahrhaftigen Menschen, die mir durch ihre Gedanken und Reflexionen ebenfalls Inspiration waren für dieses Buch.

Es sind genau diese tiefen und echten Begegnungen, die uns im Zwiegespräch formen, die unseren Lebenslauf bestimmen und Potenziale aufzeigen. An allem und allen können wir lernen, uns weiterzuentwickeln und neue Horizonte zu erkunden. Mit jeder Begegnung entdecken wir uns vor allem selbst immer wieder aufs Neue und erkennen bis dahin verborgene Aspekte und bislang ungelebte Facetten des eigenen Ich. Es handelt sich natürlich immer um Einzelgespräche! Der Ganz-Ohr-Hase ist kein Vermittler zwischen den Fronten, er übernimmt nicht die Rolle eines Mediators. Er ist für eine Person komplett und vollumfänglich da und gibt dieser Person sofort direktes und unmittelbares Feedback. So wie auch ein Spiegel sein Gegenüber nur so lange spiegeln kann, wie dieser in ihn hineinblickt.

Dieses für Sie als Führungskraft so wichtige fundierte, ungefilterte und direkte Feedback erfolgt niemals als schriftliche Stellungnahme, ebenso wird es dazu keine Mitschnitte geben. Es muss alles im Jetzt geschehen, denn nur dadurch kann das wohlwollende Klima der gegenseitigen Wertschätzung, des operativen Miteinanders und vor allem des Vertrauens entstehen, das so wichtig ist, um sehr direktes, oft auch knallhartes Feedback überhaupt annehmen zu können. Ich vergleiche diese ungefilterte Atmosphäre in Zwiegesprächen gerne mit der Flüchtigkeit und auch der Erhabenheit des Moments einer Live-Improvisation auf der Jazzbühne. Diese Momente entstehen spontan aus der Emotion, aus dem Moment heraus. Sie haben naturgemäß einen Seltenheitswert und verdienen daher das Prädikat besonders wertvoll. In achtsamen Zwiegesprächen entsteht oftmals eine ähnliche Dynamik. Wenn ein Wort das andere ergibt, offenbaren sich Dinge meist in klärender Weise, es stellt sich auf quasi wundersame Weise eine Art Einsicht ein. Mir geht es nach dem Erhalt von sehr direktem Feedback oft so, dass ich mit einem Mal klar und deutlich eine neue Richtlinie erkenne und plötzlich weiß, welchen Weg ich eine bestimmte Problematik betreffend einschlagen soll. Das Gespräch hat mich dabei unterstützt, meine Gedanken neu zu ordnen und größere Klarheit zu gewinnen. Diese Neuordnung der Gedanken wird einzig und allein durch das achtsame Zuhören meines Gesprächspartners und dessen ungefiltertes Feedback ermöglicht.

Wenn Sie als Führungskraft also im Sinne des Prinzips der Speguloreflexologie von Ihrem Sparringspartner und Reflektor endlich aus Ihrer bisherigen eingeschränkten Informationsblase geholt und mit diversen Wahrheiten und Realitäten konfrontiert werden, ist das Ihre große Chance, die Einsamkeit des Führungsthrons temporär zu verlassen. Durch diese intensiven Gespräche sind Sie plötzlich nicht mehr nur auf sich selbst gestellt und haben dadurch die Möglichkeit, sich den – meist auch unbequemen – Wahrheiten zu stellen. Diese Wahrheiten zu kennen erlaubt es Ihnen in der Folge, Ihren Führungsaufgaben mit neuer Klarheit nachzugehen.

## Für jedes Thema der passende Reflexionspartner

Bei den Zwiegesprächen mit dem für Sie jeweils passenden Reflexionspartner handelt es sich, wie bereits erwähnt, um ein zutiefst weibliches Prinzip, ein besonders unter Freundinnen bekanntes Phänomen, welches ich unter dem Namen »Speguloreflexologie für Führungskräfte« für die Chefetage adaptiert habe. Und ja, meine sehr geehrten Herren Führungskräfte, es funktioniert auch dort ausgezeichnet und mit hoher Wirkkraft!

Wir haben uns dem Phänomen des Ganz-Ohr-Hasen bereits intensiv gewidmet und dargelegt, wie eminent wichtig die Wahl des richtigen Gesprächspartners ist, was so einen Ganz-Ohr-Hasen ausmacht und wie man ihn finden und erkennen kann. Der richtige Reflexionspartner steht Ihnen mit all seinen ausgeprägten Zuhörer-Eigenschaften quasi jederzeit zweckdienlich zur Verfügung. Idealerweise verfügt er darüber hinaus über eine gehörige Portion Lebenserfahrung und über eine gewisse Berufserfahrung auf wenigstens einem oder noch besser mehreren Gebieten, die Ihrem persönlichen Profil entsprechen. Je mehr diese Person erlebt, mit je mehr verschiedenen Bereichen sie sich beschäftigt hat, desto breiter ist das Themenfeld, in dem Sie auf sie zurückgreifen können.

Es geht hierbei auch nicht um Detailwissen, das Ihr Gesprächspartner braucht, sondern ganz einfach um den nötigen breit gefächerten Background, den jemand mitbringen sollte, um emotional wie auch inhaltlich zu verstehen, worum es bei Ihrer momentanen Problematik gerade geht. Ich denke, es ist eingängig, dass eine einzige Person nicht ausreichen wird, um alle Themen abzudecken. Aus diesem Grund brauchen wir für unser Zwiegespräch immer den gerade richtigen und zur Situation passenden Reflexionspartner. Jemand, der noch nie selbstständig war, wird beispielsweise die Überlegungen und Ängste eines Privatunternehmers nicht so leicht verstehen oder nachvollziehen können. Diese Person kann aber eventuell der ideale Gesprächspartner für jemanden sein, der innerhalb eines Unternehmens im mittleren Management eine Position innehat und sich zu diesen spezifischen Herausforderungen und Befindlichkeiten auf Augenhöhe austauschen möchte. Jemand, der keine Kinder hat, wird sich nur schwer in die Lage von Eltern versetzen, die die Weitergabe ihres Unternehmens an ihre Kinder regeln müssen. Ein Familienbetrieb sieht sich komplett anderen Problematiken gegenüber als eine Aktiengesellschaft. Dieses jeweils passende grundlegende Backgroundwissen ist höchst relevant, um sich in die Lage des jeweiligen Gesprächspartners zu versetzen und um nachvollziehen zu können, welche Beweggründe es gibt, diese oder jene Entscheidung zu treffen, diesen oder jenen Weg zu gehen. Und auch, um zu begreifen, mit welchen Befindlichkeiten und Sorgen es das Gegenüber gerade zu tun hat, und um intuitiv zu erfassen, was die wahre Quelle aller Unruhen ist.

Der jeweils richtige Gesprächspartner sollte Menschen vor allem auch langfristig begleiten können. Denn nur aus der Konsistenz vieler Gespräche heraus kann er langfristig die Dinge aus der Distanz objektiv betrachten und wie eine Empfangsstation die diversen Energien aufnehmen. Dabei absorbiert und verstärkt er Eigenschaften und Gefühle. Mit seiner Wahrnehmung und speziellen Sichtweise spiegelt er für andere, auf eine stille Art und Weise, ohne sich einzumischen, einzigartige Perspektiven, die ansonsten oftmals verborgen blieben. Er kann das jeweilige Umfeld seines Gesprächspartners, das System, in dem sich dieser bewegt, mit der Zeit dann so tief verstehen wie kein anderer. Er zeigt auf, wo sich blinde Flecken befinden. Er führt Ihnen vor Augen, was Sie bisher nicht sehen wollten, und auch, was Sie nicht fühlen wollen. Er verfügt über eine Authentizität mit vielen Facetten. Seine Sensitivität macht ihn zu einem weisen Beobachter, der es versteht, im Hintergrund zu bleiben. Durch seine unaufdringliche Präsenz kann er den Erkenntnissen auch eine Richtung geben.

## Warum ein breites Reflexionsnetzwerk Sinn macht

Haben Sie eine Muse? Oder sogar mehrere? Vermutlich nicht, aber das ist irgendwie schade. Der Mythos der Musen als Inspirationsquelle für Lebenslust, Mut und Energie beschreibt schließlich charismatische Menschen, die die Fähigkeit besitzen, andere in ihrer Arbeit bravourös zu beflügeln und zu neuen Ideen und Blickrichtungen zu verhelfen. Sollte Ihnen zufällig eine über den Weg laufen, lassen Sie sich von ihr küssen und hören Sie auf ihren Rat!

Eine Muse wird in der Neuzeit üblicherweise als Geliebte oder Geliebter eines Künstlers oder einer Künstlerin wahrgenommen. Durch die reine Präsenz der Muse, ihren Charakter und ihre Ausstrahlung, können Künstler und Künstlerinnen neue Kreativität verspüren und diese in ihren Werken verstärkt zum Ausdruck bringen. Falls Sie sich jetzt fragen, warum ich hier die Musen einbringe: Musen können meiner Meinung nach im übertragenen Sinne in den verschiedensten Formen oder sogar Örtlichkeiten auftreten und inspirierend wirken. Das kann unser Hund sein, ein Ort, mit dem Sie eine äußerst innige Verbindung haben und der Ihnen Kraft gibt, oder auch eine außergewöhnliche Begebenheit, die bahnbrechend war und Sie nach vielen Jahren noch immer inspiriert. In diesem Sinne ist auch der Ganz-Ohr-Hase eine Muse, indem er uns dazu einlädt, alte Rollenbilder abzulegen, Gewohntes zu hinterfragen und etwas vollkommen Neues zu wagen, jenseits aller gesellschaftlichen Normen und moralischen Zwänge.

Als Ihr Haupt-Reflexionspartner kann der Ganz-Ohr-Hase Ihren kreativen Geist und Ihre schöpferischen Fähigkeiten durchaus beflügeln, aber er ist, wie bereits erwähnt, kein Spezialist. Unabhängig davon, wie viel Vertrauen Sie ihm entgegenbringen, Sie benötigen darüber hinaus ein weiteres und breiteres Netzwerk an Reflexionspartnern aus verschiedenen Bereichen und Gebieten, auf das Sie bei Bedarf zurückgreifen können und das so ziemlich alle Ihre Bedürfnisse an ein Zwiegespräch abdeckt. Ein solches Netzwerk wird nicht über Nacht entstehen, aber sobald Sie Ihre Fühler ausfahren, wo immer Sie sich befinden, werden Sie feststellen, dass einige mögliche Reflektoren bereits um Sie herum vorhanden sind oder sogar schon auf Sie zukommen. Das Gesetz der Anziehungskraft funktioniert auch bezüglich Ihrer Reflektoren! Dazu ein Tipp: Suchen Sie mögliche Reflexionspotenziale immer auch im täglichen Leben und nicht nur im rein beruflichen Kontext! Gehen Sie außerdem achtsam und wertschätzend mit Ihrem Umfeld um, und Sie werden sich wundern, wie viel positives Feedback Ihnen allerorten plötzlich entgegengebracht wird. Die Kassiererin im Supermarkt macht vielleicht eine zunächst nur unscheinbar klingende Bemerkung, die Ihnen aber in weiterer Folge zu einer wichtigen Erkenntnis verhelfen kann. Die Welt ist voll von potenziellen Reflexionspartnern, wenn Sie offenen Auges und offener Gesinnung unterwegs sind!

Nutzen Sie auch Ihre Führungsposition und setzen Sie immer wieder Inspirationsimpulse, die wechselseitig wirken. Begegnen Sie Ihren Mitarbeitern und Mitarbeiterinnen immer mit Akzeptanz und Wertschätzung, denn diese Hingabe und Achtsamkeit trägt zur Potenzialentfaltung bei. Zeigen Sie stets Präsenz, hören Sie achtsam zu und integrieren Sie Ihre Mitarbeiter auf diese Weise in Ihr ganz persönliches Reflexionsnetzwerk.

Suchen Sie sich zudem auch immer wieder Gesprächspartner, die sich außerhalb Ihrer üblichen betriebsinternen Bubble befinden. Ich empfehle Ihnen, sich bewusst und regelmäßig mit Branchenkennern aus völlig anderen Bereichen auszutauschen. Sie werden sehen, dass die teilweise völlig anderen Sichtweisen, mit denen Sie in diesem Umfeld sicher konfrontiert werden, Ihren eigenen Horizont erweitern werden.

Auch in Ihrem privaten Umfeld gibt es in den Personen Ihrer Kinder die wunderbare Möglichkeit, Ihr Reflexionsnetzwerk zu erweitern. Kinder sprechen komplexe Einsichten zuweilen mit einer bewundernswerten Klarheit aus, schlichtweg, weil ihr Empfinden bislang nicht von negativen Erfahrungen aller Art geprägt wurde und ihr jugendlicher Optimismus und die Willenskraft noch frisch und ungebrochen sind. Kinder sprechen teilweise »brutal« Klartext und werden Ihnen das so wichtige ungefilterte Feedback quasi bereits am Frühstückstisch liefern. Sie müssen nur hinhören und sich nicht schon am frühen Morgen hinter dem Börsenblatt verschanzen.

Eine weitere Möglichkeit, Ihr Netzwerk an Reflexionspartnern zu erweitern, ist es, sich selbst immer wieder anderen Menschen als Reflektor und Ganz-Ohr-Hase anzubieten. Sie werden staunen, wie viel Wissen Sie durch Ihr aktives Zuhören in verschiedenen Themengebieten hinzugewinnen werden. Das Leben besteht nun einmal aus einer Abfolge und Kette von Begegnungen! Stellen Sie sich einfach bei jeder Ihrer nächsten Begegnungen die Frage: »Was kann ich diesem Menschen geben?« Anstatt egoistisch zu hinterfragen: »Was bringt mir dieser Kontakt?« Sie werden überrascht sein, wie schnell Sie durch diese spezielle Form der Hingabe und des Interesses für andere Ihr Reflexionsnetzwerk und somit Ihren persönlichen Horizont erweitern.

Nachdem Sie nun wissen, wie es funktioniert, durch ein gelungenes Zwiegespräch Ihre Gedanken neu zu ordnen und Klarheit zu gewinnen, wenden wir uns dem dritten Teil dieses Buches zu, in dem es darum geht, die neu gewonnene Klarheit auch in konkretes neues Handeln zu verwandeln.

# Teil III

# Dialog – gemeinsam statt einsam

# Kapitel 7

## Mut zur Menschlichkeit – ohne Offenheit geht gar nichts

*Mitarbeitende ganzheitlich als Menschen wertschätzen.*

Ist Ihnen das schon einmal aufgefallen? Abgesehen von der Schlafenszeit verbringen wir mehr Zeit mit unseren Arbeitskollegen als mit unseren Lebenspartnern. Das ist schon sehr seltsam, wenn man länger und intensiver darüber nachdenkt. In unserem Liebesleben haben wir in der Regel meist schon mehrere »Probanden« ausprobiert, bevor die Entscheidung für den glücklichen Auserwählten, die glückliche Auserwählte gefallen ist. Dessen ungeachtet gehen viele Paare nach wenigen Jahren wieder auseinander. Scheidungsprozesse laufen zudem in den seltensten Fällen nach humanistischen Idealen ab. Aber was auch innerhalb unserer privaten Beziehungen passieren mag, wir haben sie immerhin selbst gewählt!

## Wo Menschen zusammenkommen, menschelt es

Die Arbeitskollegen, die in den verschiedenen Positionen, die wir im Laufe eines Arbeitslebens einnehmen, unseren Weg kreuzen, können wir uns hingegen nicht aussuchen. Am Arbeitsplatz sind wir alle auf Gedeih und Verderb in einer Art Schicksalsgemeinschaft gefangen und versuchen, das Beste daraus zu machen. Verschiedenste Charaktere, Überzeugungen, Religionen, Lebensentwürfe und berufliche Vorgehensweisen prallen im Arbeitsalltag ungeschützt und frontal aufeinander, und das sehr oft auf Kosten der Menschlichkeit. Narzissmus galoppiert – hallo, Führungsetagen – munter umher, ist unter Umständen ein eklatanter Scheidungs-, aber leider kein valider Kündigungsgrund. Privat würde sich jemand vielleicht niemals wieder mit einem Widder einlassen, weil der Ex ein besonders raubeiniger Vertreter dieser Spezies war und dieses Sternzeichen daher einfach nicht mehr infrage kommt. Beim neuen Arbeitsprojekt jedoch finden sich unter Umständen gleich zwei Widdergeborene im Team, die mit ihrem Elan zwar alle mitreißen, die hohe Diplomatie bei ihren Anweisungen und im Umgang mit anderen jedoch völlig außer Acht lassen. Dann hilft es nichts, man hat mit ihnen auszukommen, beißt die Zähne zusammen und konzentriert sich auf den Projekterfolg. Da muss man so manches Mal dann einfach durch. Aber muss man wirklich, oder gäbe es eine Möglichkeit, diese und jene Befindlichkeit mit mehr Mut zur Menschlichkeit im Job zu vermeiden? Und wenn ja, wer sorgt dafür?

In Liebesbeziehungen erwarten die Partner voneinander absolute Treue, trotzdem wird oft betrogen und hintergangen, was das Zeug hält. Auch in den Führungsebenen wird natürlich absolute Loyalität gegenüber der Firma eingefordert. Nichtsdestotrotz haben wir es auch dort immer wieder mit heftigen Kränkungen, Verletzungen und achtlosem Verhalten zu tun. Man kann es nur so ausdrücken: Es menschelt überall dort, wo Menschen zusammenkommen. Aber ist wahrhaftige Menschlichkeit in den Unternehmen überhaupt erlaubt und gewünscht? Ich finde, das sollte zunehmend der Fall sein. Und um die im vorigen Absatz gestellte Frage selbst zu beantworten: Wie immer liegt es an Ihnen als Führungskraft, sich für mehr Mut zur Menschlichkeit einzusetzen und für eine neue Offenheit einzutreten!

## Speguloreflexion

*Wie offen und menschlich geben Sie sich in Ihrer Führungsrolle? Trauen Sie sich schon, Dinge offen auszusprechen und menschlich auf Ihre Mitarbeitenden zuzugehen?*

Klar ist es angenehmer und produktiver, in einem Umfeld zusammenzuarbeiten, in dem Werte wie Nächstenliebe, Güte, Toleranz, Wohlwollen und Hilfsbereitschaft im täglichen Miteinander gelebt und erfahren werden. Nur entspricht das in den allermeisten Fällen nicht der innerbetrieblichen Realität, wie wir sie kennen. Der kultivierte Umgang hat mittlerweile Seltenheitswert, und das auf allen gesellschaftlichen und sozialen Ebenen. Als Führungskraft müssen Sie demnach täglich eine gehörige Portion Mut aufbringen, um sich trotz all dieser Kalamitäten immer wieder für die Menschlichkeit zu entscheiden. Zu diesem Mut gesellt sich die hehre Aufgabe, wirklich in der Tiefe vorzuleben, was Sie sich von Ihren Mitarbeitenden wünschen und erwarten.

## Gelebte Wertschätzung und menschliches Leadership

Wenn Sie als Führungskraft glaubwürdig bleiben wollen, können Sie nicht Leistungsbereitschaft und gleichzeitig auch Achtsamkeit, Respekt und Toleranz einfordern, ohne dies selbst zu leben. In Ihrer Vorbildfunktion müssen Sie außerdem jederzeit bereit sein, Unmenschliches zu leisten und gleichzeitig trotzdem menschlich zu handeln. Das ist definitiv nicht einfach! Damit diese Übung gelingt, sollten Sie sich daher zuallererst selbst reflektieren und Ihre Emotionen im Griff haben, bevor Sie sich auf Ihre Mitarbeiter verständnisvoll einlassen können. Dazu gehört es auch, Ihre Mitarbeitenden ganzheitlich als Menschen wahrzunehmen und wertzuschätzen und diese nicht nur auf ihre Arbeitsleistungen zu reduzieren.

Im Zusammenhang mit dieser Wertschätzung denke ich gerne an meine Großmutter zurück und an die Art und Weise, wie sie für uns kochte und uns umsorgte. Seit damals weiß ich, es gibt einen spürbar großen Unterschied in der Wahrnehmung vom (Nähr-)Wert einer Speise, je nachdem, ob mir eine undefinierbare Pampe auf den Teller geknallt wird oder ein Gericht liebevoll zubereitet, schön angerichtet und achtsam serviert wird. Die Wirkung, die die Art der Zubereitung und der Darbietung mit sich bringt, ist übrigens unabhängig davon, ob die Zutaten voll biologisch, regional beim Bauern oder im Supermarkt erstanden wurden, es geht um die Art der Gefühle, die dahinterstecken. Nie werde ich den liebevollen Blick meiner Großmutter vergessen, als sie uns Kindern Palatschinken frisch aus der Pfanne auf die Teller legte. In diesen Palatschinken war viel mehr enthalten und gespeichert als bloß die »üblichen« Ingredienzien. Die Palatschinken enthielten die gesamte Güte, Demut, Freude und Liebe unserer Großmutter. Intensive Gefühle, die durch das gemeinsame Essen an dem riesigen Küchentisch nochmals verstärkt wurden! Verstehen Sie mich nicht falsch, Sie als Führungskraft sollen natürlich nicht damit beginnen, Ihre Mitarbeiter und Mitarbeiterinnen fürsorglich zu bekochen, aber sie mit mehr Menschlichkeit, als dies vielleicht bisher der Fall war, zu betrachten, wäre doch eventuell eine Option?

Das Leben besteht schließlich aus Wertschätzung und vor allem aus Nehmen und Geben, ja, auch von Führungskraft zu Mitarbeiter und natürlich wieder retour! In der Rolle des Empfängers sind wir alle auf Anhieb von der Wichtigkeit der Achtsamkeit im Miteinander intuitiv überzeugt und stimmen dem Credo begeistert zu. Aber sind wir – speziell als Führungskräfte – auch bereit, nach den gleichen Richtlinien zu geben, wie wir empfangen möchten? Auf jeden Fall müssen wir, wenn wir menschliches Leadership anstreben, bei uns selbst anfangen. Daran führt mit Sicherheit kein Weg vorbei!

Der Arbeitsplatz ist schließlich immer auch ein Ort der Auseinandersetzung mit sich selbst und der Vielfalt des menschlichen Seins. Die große Herausforderung liegt darin, Verbindendes zu schaffen und daraus eine gemeinsame Vision zu schmieden, als partizipatives Modell jenseits aller persönlichen Befindlichkeiten! Und das funktioniert einzig und allein über den Weg der Kommunikation und vor allem des differenzierten Zuhörens. Hören Sie also so oft wie möglich auf Ihre Mitarbeitenden und handeln Sie danach, ohne gleich jedem Impuls blind Folge leisten zu müssen, sondern agieren Sie angemessen und mit Bedacht. Über das Gehörte können Sie selbst ja wiederum im nächsten Zwiegespräch mit Ihrem dazu passenden Sparringspartner sprechen. Wer weiß, was dadurch möglicherweise ausgelöst wird

## Beistand vom Ganz-Ohr-Hasen und weiteren Sparringspartnern

Denn an genau dieser Stelle schließt sich der Kreis zur Speguloreflexologie! Um Menschlichkeit und Offenheit in Ihren Führungsalltag einbringen und ebendort praktizieren zu können, brauchen Sie einen oder mehrere verlässliche Reflexionspartner als Beistand, die Ihnen immer wieder themenbezogen zuhören und als Ihre jeweiligen Sparringspartner in unterschiedlichen Bereichen wirken. Erwählen Sie sich außerdem zusätzlich einen Ganz-Ohr-Hasen, der Sie in der Tiefe und jederzeit als ganzheitliche Person sieht und Ihnen als Spiegel uneigennützig zu Verfügung steht, um die Schnittstelle zwischen Ihrem beruflichen und privaten Sein auszuleuchten. Und der Sie höchst achtsam auch in jenen Bereichen begleitet, in denen sonst keiner näher hinsieht.

Langfristig gesehen werden Sie über diese unterstützte Selbstreflexion die nötige Strahlkraft entwickeln, um als Vorbild sowohl die menschlichen Werte als auch den Leistungsaspekt in Ihrer Organisation zu boostern. Aus Ihrer neuen inneren Stärke heraus wird es Ihnen sehr viel leichter fallen, alles, was im Zuge Ihres Führungsalltags an Sie herangetragen wird, wertschätzend anzunehmen und darauf adäquat zu reagieren.

Dieses Buch ist per se nicht als Ratgeber gedacht, sondern will einfach nur das Phänomen eines gelungenen Zwiegesprächs beschreiben. Unabhängig davon kann ich nicht umhin, immer wieder darauf hinzuweisen, wie absolut wichtig das aktive Zuhören ist, das Lauschen, das Wahrnehmen, das »Ganz-Ohr-Sein«. Und auch immer wieder zu unterstreichen, wie bedeutsam es ist, sich des großen Privilegs bewusst zu sein, jemanden an Ihrer Seite zu wissen, der sich bei Bedarf Zeit nimmt, um für Sie da zu sein, der Ihnen uneingeschränkt und unvoreingenommen zuhört und ehrlich und ohne Filter in einer offenen Kommunikation Ihre Gedanken reflektiert. Das ist nicht selbstverständlich und vor allem in Zeiten hoher Unsicherheit von großer Bedeutung.

## Weiche Werte gegen harte Bandagen, kann das funktionieren?

Um auf das ganz normale alltägliche Chaos spontan reagieren zu können, sind soziale Kompetenz, Kreativität und Intuition gefragt. Als Führungskraft müssen Sie jederzeit bereit sein, sich auf Unsicherheit einzulassen, und lernen, damit umzugehen. Da in unserer volatilen und immer öfter extrem disruptiven Gegenwart von heute auf morgen jederzeit alles anders sein kann, braucht es mehr denn je stabile menschliche Werte wie Empathie und Solidarität, die emotionalen Halt geben. Im Falle von Umweltkatastrophen wie Hochwasser oder Stürmen sind es ja auch diese weichen Werte, die uns zusammenhalten und uns gegenseitig helfen lassen, nicht lautes Gepolter, harte Bandagen und fixe Hierarchien. Durch die zum Teil sehr harten und teilweise unmenschlichen Maßnahmen während der Coronapandemie ist uns allen die Tragkraft und die Wichtigkeit der sozialen Kontakte, des Austausches intensiv bewusst geworden. Der Mensch ist nun einmal ein soziales Wesen, ohne Kontakte verkümmern wir, ohne Aufmerksamkeit und Zuwendung gehen wir ein. Speziell dann, wenn die Rahmenbedingungen ständig wechseln, gestern Pandemie, heute Krieg, Inflation, Flüchtlingsströme, Klimawandel und Umweltkatastrophen, ist es wichtig, Ruhe zu bewahren und nicht in Panik zu verfallen.

## Auf Feedback aus den eigenen Reihen hören

Mittlerweile ist in vielen Führungsetagen ein regelrechter Hype ausgebrochen, alles andauernd verändern zu wollen, oftmals nur der Veränderung wegen, »change for the sake of change« sozusagen. Die Veränderung wird gar nicht mehr hinterfragt, sie ist de facto positiv besetzt, und schon werden alle möglichen Change-Prozesse gestartet, auch wenn sie nicht immer sinnvoll sind. Nur weil eine neue Werbekampagne losgetreten wird, ist der Kundenservice einer Organisation nicht besser. Ein neues, schwungvolleres Logo ändert sicher nichts an einer zutiefst sklerosierten Hierarchie.

Manche Menschen haben den unbändigen Drang, in mehr oder weniger regelmäßigen Abständen ihr Haus oder die Wohnung komplett umzugestalten oder die Möbel anders zu stellen. Es sei wieder einmal Zeit für Veränderung, heißt es dann vollmundig. Manche Organisationen treiben ein ähnliches Spiel, und wer bei diesen unternehmensinternen Veränderungsprozessen nicht mitkommt, hat eben Pech gehabt und fällt durch alle Raster, wird entweder herzlos gekündigt oder geht frustriert von alleine, weil der Sinn all dieser selbstherrlichen Change-Prozesse nicht mehr verstanden wird. Das sind fatale Entwicklungen, die keinen wirklichen Nutzen erkennbar machen. Kleinere Filialen werden zugesperrt, regionale Niederlassungen umstrukturiert und zusammengeführt. Im Gesundheitswesen ist die Lage dramatisch. Verwaltungsstrukturen werden aufgebläht, aber vor Ort bei den Arbeitnehmern passiert nicht viel. Sie werden im Stich gelassen, und es wird nicht auf sie gehört! Die Menschen, die intrinsisch motiviert sind, die ihren Job aus tiefster Überzeugung machen, werden weitestgehend ignoriert. Diese Mitarbeiter wissen genau, was sie bräuchten, um in einem effektiven Arbeitsumfeld zu arbeiten, aber ihnen wird sträflicherweise nicht zugehört. Es wird meist nämlich vollkommen vergessen, dass das wichtigste Feedback immer aus den eigenen Reihen kommt, von der Basis. Genau hier gehört der Hebel für Veränderung angesetzt, um das volle Potenzial auszuschöpfen! Das Management muss sich trauen, aus seiner jahrelangen Komfortzone hinauszutreten, im Einklang mit der Arbeitswelt und den menschlichen Bedürfnissen, um gemeinsam optimistisch in eine neue Welt aufzubrechen und Visionen zu verwirklichen. Das können Sie als Führungskraft jedoch nur umsetzen, wenn Sie sich regelmäßig selbst in Reflexion begeben und vor allem jemanden an Ihrer Seite haben, der Ihnen zuhört und für Sie als Reflektor zur Verfügung steht!

## Mut zu mehr Menschlichkeit und Offenheit

Wenn Sie Ihre Mitarbeiter und Mitarbeiterinnen ignorieren und sich nicht dafür interessieren, wer diese denn eigentlich sind, was sie sich wünschen, was sie brauchen, dann ist das so, als würden Sie ihnen ununterbrochen kommunizieren: »Du bist unwichtig!« Da ist es doch nicht wirklich verwunderlich, wenn nur mehr Dienst nach Vorschrift geleistet wird. Ein Mindestmaß an emotionaler Intelligenz setzt voraus, dass das Management die Bedürfnisse seiner Mitarbeiter kennt und wertschätzt, ordentliche Rahmenbedingungen schafft und kultiviert, Mitbestimmung und Handlungsfreiheit zulässt und so die nötigen Voraussetzungen bietet, damit die Mitarbeitenden schlicht und ergreifend einfach einen guten Job machen können. Arbeitszeit ist schließlich auch Lebenszeit! Das hat nichts mit Zwangsbeglückung zwecks Produktivitätssteigerung zu tun, sondern erzeugt eine sinnstiftende Wertegemeinschaft einzigartiger Menschen, im Gegensatz zu einer reinen Zweckgemeinschaft, bei der man stumpfsinnig etwas tut, weil es eben verlangt wird. Gemeinsam im Team entsteht durch die gegenseitige Wertschätzung ein verbindendes Gefühl der Zugehörigkeit, ein wichtiger Baustein für eine inspirierende Arbeitsatmosphäre. Der ultimative Schlüsselfaktor dieser Zugehörigkeit sind Sie als Führungskraft. Das ist aber auch eine Rolle, die Sie mit Sicherheit viel Kraft kosten wird!

Deswegen gilt: Wenn Sie als Führungskraft so immens viel geben, indem Sie für andere da sind, brauchen Sie selbst unbedingt einen sicheren kommunikativen Hafen, in dem Sie zwischendurch immer wieder Ihren Anker setzen können, um sich zu regenerieren und dadurch neuen, kreativen Gestaltungsvarianten Tür und Tor zu öffnen.

Für genau diese Fälle wartet Ihr Ganz-Ohr-Hase schon auf Sie, uneigennützig und bereit für ein entspanntes Gespräch, in dem er Sie zu mehr Menschlichkeit und Offenheit in allem, was Sie tun und entscheiden, ermutigt.

# Kapitel 8

## Reden wir, jetzt! – Gemeinsam frei denken und darüber sprechen

*Sie sind nicht allein!*

Kennen Sie das? Die Gedanken, die Ihnen morgens unter der Dusche oder beim Zähneputzen durch den Kopf gehen, drehen sich in aller Regel um jene Themen, die gerade in Ihrem Leben anstehen. Ein zumeist chaotisches Gedankenkarussell, bei dem sich berufliche wie private Gedankenketten miteinander verwoben schwindelerregend im Kreis drehen. Ihr Badezimmer ist in diesem Sinne ein idealer Ort, um die Themenvielfalten, die Sie so intensiv beschäftigen, genauer zu beobachten und zu erkennen, welche Bereiche in weiterer Folge einer unabhängigen Reflexion von außen, mittels eines Vieraugengesprächs, bedürfen. Dringend bedürfen!

Das ist dann in der Regel der Moment der hohen Einsicht, dass es an der Zeit ist, Ihren Sparringspartner zu kontaktieren, um ein Gespräch zu bitten und ihn aufzufordern: »Bitte, lass uns reden, jetzt!« In der Regel wird der Ganz-Ohr-Hase nicht am gleichen Tag persönlich und uneingeschränkt verfügbar sein, so wie Sie als Führungskraft ja wahrscheinlich auch nicht, aber er wird sicher sein

Bestes geben, um Ihnen baldmöglichst zur Verfügung zu stehen.

Um dem Tohuwabohu in Ihrem Kopf volle Aufmerksamkeit zukommen zu lassen, bietet sich zeitnah ein gemeinsamer Waldspaziergang mit dem Ganz-Ohr-Hasen Ihres Vertrauens jenseits des Alltags an. Wie Sie nun ja schon wissen, darf es auch ein anderer ruhiger Ort abseits vom üblichen Tagesgeschäft sein, der Ihnen aus persönlichen Gründen oder witterungsbedingt für das anstehende Thema gerade besser zusagt. Dieses gemeinsame Zeitfenster mit Ihrem Sparringspartner und Reflektor ist dann ein ganz besonderer Moment des bedingungslosen Zuhörens und der vollkommenen Anteilnahme und Präsenz Ihres Ganz-Ohr-Hasen. Und es ist vor allem ein Zeitfenster, in dem Sie all das, was Ihnen gerade durch den Kopf geht zu einer bestimmten Thematik, frei von der Leber heraus, ohne Ihre Gedanken dazu vorab speziell zu sortieren, aussprechen können. Ohne Angst haben zu müssen, dafür beurteilt oder sogar verurteilt zu werden!

## Einfach drauflossprechen

Als den größten Vorteil eines Zwiegesprächs habe ich immer empfunden, zu einer bestimmten Thematik wirklich alles, was mir dazu ziemlich wirr durch den Kopf ging, frei aussprechen zu dürfen. All das, was mich so intensiv beschäftigte, loswerden zu können, auch die abstrusesten Gedanken formulieren zu dürfen. Meinem Ganz-Ohr-Hasen auch jene Gedanken, die bei mir völlig ungeordnet im Kopf hin und her wirbelten, anvertrauen zu können. Mit ihm meine oft völlig verrückten beruflichen Pläne und Visionen zu teilen, im Wissen, dass er sich nicht schockiert zeigen oder mich gar auslachen würde. Ähnlich einer Brainstorming-Session, in der alle Teilnehmer und Teilnehmerinnen einfach das in den Raum werfen, was ihnen zu einer bestimmten Thematik als Erstes in den Sinn kommt, und in der sie keine Angst haben müssen, wegen ihrer crazy Ideen verspottet zu werden. Schließlich gehört ja genau dieses Teilen des ersten Gedankens, der spontan in den Kopf schießt, zum Wesen eines gelungenen Brainstormings, weil sich darunter immer auch Gedankenjuwelen höchster Qualität befinden können, was man jedoch meist erst oft später feststellt. Diamanten müssen schließlich erst geschliffen werden, um ihren Glanz zu entwickeln! Das gilt ebenso für die Resultate Ihrer Zwiegespräche! Auch hier gilt es im ersten Schritt gemeinsam frei zu denken und ebenso frei über alles zu sprechen sowie die Erkenntnisse danach reifen zu lassen, damit sich langfristig neues Denken und Handeln einstellen kann.

## Das »Wunder« des Zwiegesprächs

Ein Urteil über andere ist vor allem immer auch ein Urteil über uns selbst. Ihr Sparringspartner, der Ganz-Ohr-Hase, ist sich dessen bewusst und nimmt unvoreingenommen und urteilsfrei alle Ihre Ängste, Befürchtungen, Überlegungen, Empfindungen, Pläne, Visionen, Assoziationen und auch Ihre Fantasien ganzheitlich wahr. In diesem Moment der vollkommenen Anteilnahme stehen Sie im Fokus und sind Ihrem spiegelnden Gesprächspartner gerade der absolut und uneingeschränkt wichtigste Mensch! Sie brauchen sich keine Tabus aufzuerlegen und können in jede Richtung ungehemmt, komplett frei und auch verrückt denken. Sie dürfen, ja Sie sollen von einer Thematik wild zur nächsten hüpfen, genau so, wie Ihre Gedanken gerade über Sie hereinbrechen. Und Sie können darauf vertrauen, dass Sie danach zusammen mit Ihrem Reflektor genau dort hinschauen, wo sonst keiner hinblickt.

Sie werden anlässlich dieser freien und offenen Gespräche feststellen, wie sehr viel mehr die privaten und beruflichen Belange miteinander verflochten sind, als Sie bisher vielleicht angenommen haben. Im Zwiegespräch werden sie plötzlich als gemeinsame, wichtige Schnittmenge wahrgenommen und anerkannt. Das ermöglicht es Ihnen, die Grauzone, in der Sie sich dazu vielleicht bisher befunden und sich überfordert und von allen Seiten im Stich gelassen gefühlt haben, neu einzuordnen.

Sobald Ihre Gedanken, Gefühle und Handlungsimpulse auf die hohe emotionale Resonanz Ihres Ganz-Ohr-Hasen treffen, entsteht in Verbindung mit Sicherheit, Rückhalt und Wertschätzung eine stabile Vertrauensbasis für ein konstruktives Miteinander. Dann geschieht das, was ich gerne »das Wunder des Zwiegesprächs« nenne. Wenn Ihre gedanklichen Potenziale plötzlich die Möglichkeit haben, sich uneingeschränkt auszudrücken und zu entfalten, passiert das Wesentliche zumeist von alleine! Sie werden, je mehr Zwiegespräche Sie erleben, nämlich feststellen, dass alleine durch Ihr Aussprechen gewisser Gedanken Ihnen die mögliche Lösung oder Vorgehensweise wie Schuppen von den Augen fällt! Ja, manches Mal ist es schon damit getan, wenn uns mit Offenheit, Geduld, Herz und Verstand zugehört wird und wir zusätzlich noch durch Fragen ermutigt werden, weiter in unsere Gedankenwelt einzutauchen.

Eingeschlossene Emotionen in Form von finsteren Grübeleien sind, wie mittlerweile hinlänglich bekannt, eine oft unterschätzte Ursache für Krankheiten. Mit dem freien Schweifen der Gedanken hingegen kann Neues entstehen. So, als würden Sie mit offenen Augen und einem freien Geist reisen, an bestimmten Orten der Betrachtungen und Erfahrungen verweilen und in Gesprächen angenommen werden und sich angekommen fühlen. Das uns oft ständige unterschwellig begleitende innere Gemurmel und Wälzen der immerfort selben Gedanken wird durch diese spezielle Form der Projektion im Zwiegespräch quasi ins Außen gebracht.

Wenn Achtsamkeit auf Geistesgegenwart trifft, können innerhalb einer solchen Begegnung ungeahnte Kräfte generiert werden! Über den Zugang zu uns selbst finden wir in der Folge auch einen erweiterten Zugang zu anderen. Mich selbst im Zwiegespräch zu beobachten und zu reflektieren, hilft mir, meine Betrachtungsweise zu verändern und somit meine Umgebung anders zu gestalten. Die äußeren Gegebenheiten haben schließlich immer nur jene Bedeutung, die wir ihnen zugestehen! Das freie Denken und der offene Austausch im gelassenen Moment des Zwiegesprächs ermöglicht vor allem auch ein Loslösen von alten Prägungen und Verhaltensmustern, um sich voller Elan auf Neues einlassen zu können, und ist eine wichtige Basis für neues Handeln.

## Speguloreflexologie

*Gibt es bereits eine Person in Ihrem Leben, mit der Sie das Tohuwabohu in Ihrem Kopf und das sich emsig drehende Gedankenkarussell teilen können? Wenn nicht, scheint es höchste Zeit zu sein, Ihren Ganz-Ohr-Hasen zu finden.*

## Den eigenen Weg finden und ihm vertrauensvoll folgen

Freies Denken setzt natürlich einen tatsächlich freien Geist voraus! Und den haben wir nicht in allen Belangen. Obwohl wir in einem gewissen Sinn freie Menschen sind, fühlen wir uns trotzdem oft unfrei und befangen. Alte Prägungen und Muster aller Art steuern unser Verhalten mehr, als uns manchmal lieb ist. Man sagt schnell einmal so dahin, dass freies Denken jenseits aller Konventionen stattfinden muss, und findet damit sicherlich auf Anhieb breite Zustimmung. Es gibt jedoch bestimmte Konventionen, die so dermaßen tief in uns verwurzelt sind, dass wir sie ohne Hilfe von außen nicht als solche erkennen können. Außerdem sind gewisse gesellschaftliche Konventionen und Verhaltensmuster immer leichter bei anderen auszumachen als bei uns selbst.

Auch aus diesem Grund ist die Spiegelung durch einen unabhängigen Sparringspartner in der Gestalt eines Ganz-Ohr-Hasen so hilfreich. Denn er vermag den Spiegel so anzusetzen, dass Sie auch in die entlegensten Winkel Ihres komplexen Seins Einblick gewinnen und Ihre Blockaden wahrnehmen können. Und erst, wenn Sie diese erkannt haben, können Sie sie auch überwinden. Hier zeigt sich wieder, weshalb – wie schon erwähnt – die gedankliche Trennung zwischen dem beruflichen und dem privaten Umfeld vollkommen irrelevant ist, weil Sie und Ihr Reflektor sich in Ihren Zwiegesprächen nicht primär mit Ihrem Umfeld beschäftigen, sondern in erster Linie mit IHNEN selbst.

Das gemeinsame freie Denken wird Ihnen große Geborgenheit und Zuversicht schenken, weil Sie in diesem Moment wissen: Ich bin nicht allein! Sie sind schlussendlich zwar immer auf sich gestellt, aber trotzdem ist da dieses Wissen, da ist jemand, auf den Sie immer wieder zurückgreifen, dem Sie sich jederzeit anvertrauen können. Jemand, der Sie kennt, der Ihnen uneingeschränkte Achtsamkeit und Zuversicht entgegenbringt, der Ihre sichere Anlaufstelle ist, wenn Sie nicht mehr weiterwissen. Wie es auch bei mir immer wieder einmal der Fall war.

Ich habe stets zahlreiche Visionen gehabt, habe für sie gelebt, mit voller Kraft danach gestrebt und alles darangesetzt, diese Visionen auch zu verwirklichen. Meistens ist es mir gelungen. Manches Mal passten die äußeren Umstände vielleicht gerade nicht, oder ich war selbst einfach noch nicht soweit und musste ein wenig reifen, bevor bestimmte Vorstellungen sich realisieren konnten. Gewisse andere Vorhaben betreffend bin ich – aus der Distanz gesehen – heilfroh, dass diese Unterfangen sich nie verwirklichen ließen. Aufgrund vieler – auch schmerzhafter – Erfahrungen habe ich für mich herausgefunden, dass es mir am meisten dienlich ist, dem Fluss des Lebens zu folgen und meine Fühler kontinuierlich nach Indikatoren auszurichten, die mir wohlwollend den Weg zeigen. Mein Weg entsteht definitiv, indem ich ihn gehe. Auch wenn dieser Weg mir zuweilen holprig und waghalsig erschien und teilweise noch immer erscheint, im Rückblick fühlt er sich insgesamt sehr gut an. So manches Zwiegespräch mit meinen Sparringspartnern hat mich auf dieser Reise wieder auf Spur gebracht, einfach schon deswegen, weil ich wirklich frei denken und darüber genau so frei sprechen konnte. Diese Zwiegesprächs-Situationen halfen mir durch ihren hohen Reflexionsanteil immer wieder, meinen ureigenen Weg zu finden und ihm in dem zu mir passenden Tempo vertrauensvoll zu folgen. Und das vor allem völlig unabhängig von der Zustimmung oder Ablehnung meines Umfeldes.

Das uns auf unserem (Lebens-)Weg umgebende Umfeld ist nicht zu unterschätzen! Manche Menschen schenken uns Energie, andere wiederum sind regelrechte Energieräuber. Gewisse Begegnungen stellen eine wunderbare Bereicherung dar, andere Treffen können uns tief belasten. Alle Begebenheiten, die sich unserem Einfluss entziehen, sind entweder förderlich oder ärgerlich, selten bis nie jedoch sind sie irrelevant. In meinen Zwiegesprächen wurde mir zunehmend klar, wie wichtig und wohltuend es ist, sich vorrangig mit Menschen zu umgeben, die uns guttun, uns unterstützen und uns nicht ihre vorgefassten Meinungen, persönlichen Ideen oder Konventionen aufdrängen.

Es ist mir durchaus klar, dass Sie sich in Ihrer Führungsposition die Menschen, mit denen Sie zu tun haben, nicht frei aussuchen können. Aber Sie haben dabei mehr Spielraum, als Sie vielleicht denken. Denn das Konventionelle weicht dem Gestalterischen, sobald Sie sich auf Ihre Stärken fokussieren, anstatt sich von Ihrer Umgebung immer nur weitere Schwächen einreden zu lassen. All die Themengebiete, in denen andere besser sind, dürfen Sie daher gerne diesen anderen überlassen. Wir sind es uns schuldig, unsere Daseinsberechtigung in unserem ganz eigenen Sein auszuleben. Niemand hat das Recht, Sie Ihrer Originalität zu berauben, nur damit Sie besser in dessen Weltbild passen. Es geht schlussendlich auch um die Selbstverwirklichung, nicht um jeden Preis, aber sehr wohl im Bewusstsein dessen, was Sie für diese verrückte Welt als ganz persönlichen Beitrag leisten können, in welcher Form auch immer. Ihr Sparringspartner und Ganz-Ohr-Hase unterstützt Sie dabei durch das gemeinsame freie und offene Denken immer wieder, Ihren individuellen Weg zu finden und auch zu beschreiten.

## Dialog – gemeinsam statt einsam

Wenn unsere Gedanken wie aufgeregte Kinder im Schulhof Purzelbäume schlagen, wild durcheinanderlaufen und laut schreien, hilft das Zwiegespräch, diese meist als höllisch und irritierend wahrgenommene gedankliche Rotationsfrequenz zu verlangsamen. Manchmal ist zielgerichtetes, fokussiertes Denken angebracht, an anderen Tagen verhindert eine hartnäckige Kreativblockade den freien Fluss neuer Ideen. Im Prozess des freien Denkens bewegen wir uns immer auf unbekanntem Terrain und müssen uns den Gegebenheiten anpassen, wie sie eben gerade in diesem Moment sind. Mut zur Spontaneität ist dabei die beste Voraussetzung für das gemeinsame freie Denken! Damit meine ich auch den Mut, selbst immer wieder Dialoge anzustoßen.

Haben Sie Mut zur Ansprache! Nicht nur dann, wenn es Ihnen nicht gut geht und Sie Hilfe brauchen. Nein, auch und vor allem, wenn Sie in Ihrer vollen Kraft sind und Ihre Mitarbeiter motivieren wollen. Das kann schon durch einen freundlichen Gruß oder ein kurzes Gespräch geschehen. Oft wollen wir gar nicht unbedingt sofort eine Lösung für ein Problem, sondern einfach jemanden, dem man sich mitteilen kann, von dem man wahrgenommen wird. Auch Ihre Mitarbeiter brauchen den Dialog und wollen sich nicht alleine fühlen. Hier können Sie die Rolle des Ganz-Ohr-Hasen übernehmen, indem Sie für Ihre Mitarbeitenden ganz Ohr sind.

Gemeinsam frei denken funktioniert am besten, wenn Sie sich von der Prämisse verabschieden, unbedingt sofort eine Lösung, eine Antwort finden zu müssen. Geht es doch zuerst einmal darum, das Problem oder eine Gegebenheit zu verstehen und in seiner Gesamtheit zu erfassen. Wenn ich das Problem im Kern verstehe, ist die Lösung zumeist nur mehr eine Formalität. Solange ich konfus im Dunkeln tappend fieberhaft nach einer Lösung suche, für etwas, was diffus als problematisch gesehen wird, werde ich keine zufriedenstellende Antwort finden können. Erst die genaue Bestandsaufnahme ermöglicht den klaren Blick. Der Ganz-Ohr-Hase ist die perfekte Ergänzung in diesem kreativen Prozess, weil er durch gezielte Fragestellungen, Reflexionen und Spiegelungen helfen kann, zu der wahren Essenz vorzudringen. So als würde man gemeinsam einen Knoten lösen.

Denn nur zu oft versperren Gedankenblockaden die klare Sicht auf die Dinge. Ein Problem wird dann nicht als solches erkannt, weil es vielleicht als Habitus verschleiert, als Tradition getarnt oder als Mode verkleidet daherkommt. Hier setzt das gemeinsame freie Denken den Hebel an, um unvoreingenommen in medias res gehen zu können. Manchmal erreicht man sein Ziel auf Umwegen, aber oftmals erweisen sich diese Umwege als das eigentliche Ziel und werden nur nicht sofort als solches erkannt. Der Umweg über die umfassende Problemerkenntnis kann also durchaus das eigentliche Ziel sein und nicht die fieberhafte Lösungssuche. Erlauben Sie es sich, immer öfter »um die Ecke« zu denken, der Ganz-Ohr-Hase wartet dort schon auf Sie, zur weiteren gemeinsamen gedanklichen Entwicklung Ihrer neuen Erkenntnisse. Denn wenn der Umweg das Ziel ist, ergibt sich die Antwort meist ganz von alleine!

Ihr Reflektor wird mit zum Teil provokativen Statements immer wieder versuchen, Sie aus der Reserve zu locken, um außergewöhnliche Denkansätze zu generieren. Trauen Sie sich, lassen Sie dieses gemeinsame freie Denken so oft wie möglich zu. So ein Ausflug in die freien Gedankenwelten birgt keinerlei Risiken, aber zahlreiche neue Möglichkeiten und Potenziale und wird Sie näher an neues Denken und Handeln heranführen.

# Kapitel 9

## Die Wirkkraft des bewussten Zwiegesprächs – neues Denken und Handeln

*Wie oft muss ich »sterben«, um wirklich zu leben?*

Zugegeben, es ist ein wenig makaber, das letzte Kapitel eines Buches mit dem obigen Zitat einzuleiten. Aber in unserem persönlichen Zwiegespräch, dem Gespräch zwischen mir, Ihrem Autor, und Ihnen, meiner geschätzten Leserschaft, sollte es jetzt keine Tabus mehr geben. Außerdem, um wirklich neues Denken und Handeln zuzulassen, muss das alte Denken und Handeln notgedrungen ableben und endgültig abtreten. In diesem Sinne frage ich Sie also sehr direkt: Sind Sie bereit, das Alte sterben zu lassen, sich selbst im Alten sterben zu lassen? Ihre bisherigen Hierarchien und Denkweisen zu begraben, um Platz zu schaffen für Neues? Sind Sie bereit für neue Gedankenwelten, neue Herangehensweisen und damit einhergehend natürlich auch für neue Entwicklungspotenziale, neue Lernaufgaben und – logischerweise – für neue Fehler?

Ich habe dieses Kapitel der Wirkkraft des bewussten Zwiegesprächs gewidmet. Diese Wirkung kann jedoch nur dann eintreten, wenn Sie jene Erkenntnisse, die Sie im total freien Denken und im vollkommen freien Darüber-Sprechen in Ihren Zwiegesprächen gewonnen haben – wie in Kapitel acht dargelegt – in der Tiefe nachwirken lassen, evaluieren, neu einordnen und erst dann auch in die Umsetzung bringen. Aus dem völlig freien Denken, bei dem Sie mit Ihrem Reflektor alle, auch Ihre verrücktesten oder abgehobensten Gedanken teilen können, wird im nächsten Schritt dann neues, wohlüberlegtes Denken und Handeln. Richtig intensiv wirken wird dies aber nur, wenn Sie sich darauf vollumfänglich und mit allen Sinnen einlassen.

Dazu gehört auch, vorhandene Strukturen, eventuell ganze Organisationen und auch sich selbst »gehen« zu lassen. Sich von Bestehendem in Demut und Dankbarkeit zu verabschieden und das Neue vertrauensvoll auf sich zukommen zu sehen. Ich finde, das ist eine der schwierigsten Aufgaben, die es gibt. Eine Aufgabe, die ab jetzt jedoch etwas einfacher werden könnte. Das vertrauensvolle Zwiegespräch mit Ihrem Sparringspartner steht Ihnen von nun ja zur Verfügung, wann immer Sie es brauchen oder sich wünschen. So wie dieses Buch einen Anfang und ein Ende hat, gibt es auch immer wieder Episoden in unserem Leben, die beginnen und enden, und das sowohl in privater wie auch in beruflicher Hinsicht. Ideal ist es natürlich, wenn wir diese Übergänge des Anfangs und vor allem des Endes selbst bewusst orchestrieren können und nicht bloß über uns ergehen lassen müssen. Wie auch immer das Ende aussehen mag, es hat definitiv damit zu tun, wie wir uns selbst sehen.

## Wichtige Entscheidungen aus neuen Perspektiven betrachten

Die allermeisten unter uns definieren sich über ihren Beruf, ihren Titel, ihre Ausbildung, Position und besonders gerne über die Institution, für die sie tätig sind. Ebenso nehmen wir andere vorrangig über diese rein äußerlichen Parameter wahr. Denn ganz ohne diese Attribute des Status ist man in den Augen vieler doch recht schnell ein Niemand. Im Grunde aber wissen wir genau, dass jeder Einzelne von uns weit mehr ist als das, was unser Beruf vorgibt. Trotzdem ist es nach wie vor beliebter gesellschaftlicher Usus, vorrangig über die berufliche Position eingeordnet zu werden. Und auch über die Macht, die gewisse Positionen automatisch mit sich bringen.

Als Führungskraft verfügen Sie üblicherweise über große Wirkmächtigkeiten in Ihren Entscheidungen. Vor allem, wenn Sie über Geschäftsschließungen, Stellenabbau, Fusionierungen und Restrukturierungen zu befinden haben. Entscheidungen also, mit denen Sie über die Köpfe anderer hinweg den beruflichen und auch gesellschaftlichen »Tod« vieler Menschen beschließen. In solchen Momenten ist es natürlich einfacher, diese weitreichenden Entscheidungen rasch im scheinbar besten Interesse Ihrer Organisation zu treffen, sich jeder weiteren Reflexion zu entziehen und sich danach als erfolgreicher und taffer Manager feiern zu lassen.

Oder aber sich im Sinne der Speguloreflexologie in regelmäßige Zwiegespräche zu begeben und diese herausfordernden Führungssituationen mit Ihrem Sparringspartner zu besprechen, bevor Sie diese beruflichen »Todesurteile« mit für viele Menschen weitreichenden Konsequenzen treffen. Ich will damit nicht ausdrücken, dass manche Fusionen, Mitarbeiterabbau-Aktivitäten oder Firmenschließungen nicht tatsächlich sinnvoll sind oder für eine Organisation sogar die letzte Rettung darstellen, im Sinne von »lassen wir einige gehen«, damit das Gros der Arbeitsplätze erhalten bleibt. Vor solchen Entscheidungen mehrere intensive Reflexionsgespräche mit Ihrem Reflektor zu führen, in denen Sie die zu treffenden Entscheidungen aus verschiedenen Blickwinkeln und möglichen unterschiedlichen Resultaten aus betrachten, halte ich in heißen Entscheidungsphasen für unerlässlich.

## Es gibt kein Richtig oder Falsch – nur Konsequenzen

Das ist aus verschiedenen Gründen bedeutsam. In Anbetracht der aktuellen Masse solcher »Todesurteile« ist es nämlich als besonderes Privileg zu betrachten, strategische Entscheidungen selbst treffen zu dürfen. Dessen sollten Sie sich jederzeit bewusst sein, wie auch dieser Tatsache: Um bereit zu sein, neue Wege zu gehen, dürfen Sie sich als Person mit all Ihren aktuellen Weltansichten und Überzeugungen nicht so wichtig nehmen! Sie müssen als Führungskraft zuallererst selbst diesen Prozess der Wandlung hin zu neuem Denken und Handeln durchmachen, bevor Sie von anderen verlangen können zu verstehen, anzunehmen und schlussendlich umzusetzen, worum es Ihnen geht. Genauso wichtig ist es aber auch, nicht nur alleine für sich zu tiefen Einsichten zu kommen, sondern diese in der Folge weiterzugeben, damit sie in Ihrer Organisation die entsprechende Umsetzung finden.

Neu denken und neu handeln setzt immer auch den Mut zur Einsicht voraus, dass Sie eventuell mit Ihrer neuen Meinung falschliegen könnten! Dazu kommt das größte Dilemma der Entscheidungsfindung überhaupt: In vielen Situationen gibt es kein Richtig oder Falsch, sondern nur aus der jeweiligen Entscheidungsrichtung resultierende Konsequenzen, mit denen Sie als Führungskraft und Ihre Organisation in der Folge zurechtkommen müssen. Jedes neue Denken und Handeln bringt somit auch eine jeweils neue, bislang unbekannte Konsequenz mit sich. Aber ein neues Terrain zu beschreiten ist, wie ich finde, trotz aller Unsicherheiten auf jeden Fall förderlicher für ein Unternehmen, als ewiglich im Alten zu verharren.

Wie dies zum Beispiel ein mir bekannter Seniorchef tut, der seinen Betrieb an mehrere seiner Nachfahren offiziell übergibt, aber trotzdem keinerlei Anstalten macht, seinem Nachfolgeteam das Ruder tatsächlich zu übergeben. Er erscheint jeden Tag weiterhin im Büro, kontrolliert alles und jeden und fällt seinen Kindern bei jeder Gelegenheit in den Rücken. Das ist nicht förderlich für das Betriebsklima und frustriert die neuen »Statthalter« aufs Ärgste. Auch die Belegschaft kann mit solchen Unklarheiten auf Führungsebene in der Regel nur wenig anfangen, wird irritiert reagieren und schlimmstenfalls das Unternehmen verlassen. Bei diesem Seniorchef, der nicht loslassen kann, ist die Fähigkeit für neues Denken und Handeln vollkommen inexistent. Wir kennen uns gut, er hätte in meiner Person somit auch die Möglichkeit, einen Ganz-Ohr-Hasen als Beistand an seiner Seite zu haben, aber da er der festen Überzeugung ist, selbst alles besser zu wissen, kommt die Option eines offenen Zwiegesprächs für ihn in diesem Leben nicht infrage. Mit den daraus resultierenden Konsequenzen muss er leben, leider aber auch seine geplagten Nachfahren.

## Sprechen ohne anschließendes Tun bringt gar nichts

In eine Zwiegesprächs-Situation prinzipiell nicht einsteigen zu wollen, ist eine Sache. Das Gespräch zwar zu führen, daraus neue wertvolle Erkenntnisse und Einsichten zu gewinnen und diese dann beinhart zu ignorieren, ist eine andere. Ich bin nicht ganz sicher, was kurzsichtiger ist, finde es jedoch grundsätzlich immer schade, wenn neue Ideen, die bereits in der Luft liegen, nicht verfolgt werden. Wir können so vieles in Zwiegesprächen erarbeiten, neue Erkenntnisse gewinnen, gute Ideen entwickeln, die besten Einfälle haben, es können und werden tonnenweise Schuppen von den Augen fallen. Wenn jedoch nichts davon umgesetzt wird und das Gespräch quasi eine verbale Illusion bleibt, ist es so, als hätte es niemals stattgefunden. Die dafür aufgewendete Zeit können Sie sich und Ihren Reflektoren definitiv ersparen.

Das ist dann in etwa genauso wirkungsvoll, als

- würden Sie tiefgründige Gespräche mit einem Ernährungsberater führen, weil Sie Ihre Ernährung umstellen möchten, und dann gleich nach dem Termin zum nächsten Fast-Food-Lokal eilen. Weil Sie sich keine Zeit nehmen möchten, Gesundes zu kochen, und weil Sie ja schon immer regelmäßig Fast Food konsumiert haben.
- wenn Sie mit Ihrem Lebenspartner mehrere Monate zu einem Paartherapeuten gehen und sich beraten lassen, wie Sie Ihre Partnerschaft neu beleben können, um dann im partnerschaftlichen Alltag unbeirrt im gleichen Trott weiterzumachen wie bisher.
- würden Sie Sachbücher zu einem bestimmten Thema kaufen und diese dann entweder gar nicht lesen oder sie zwar lesen und die Ideen darin gut finden, aber keine davon jemals umsetzen.

Das sind relativ einfache, aber doch eingängige Beispiele aus dem Leben, die zeigen, wie sehr wir uns selbst oft blockieren und trotz neuer Erkenntnisse im alten Fahrwasser verharren. Auch im Führungsalltag müssen Sie alte Überzeugungen und eingefahrene Verhaltensmuster erst sterben lassen, um neue Ideen auf Schiene zu bringen, sie umzusetzen und sie in Ihrer Organisation zu aktivieren.

Das ist leichter gesagt als getan! Auf administrativer Ebene ist schnell etwas formal umgesetzt, aber bis diese Gedanken von allen geteilt und unterstützt werden, ist es meist ein weiter Weg. Denn es gilt, für die neuen Gegebenheiten reales Bewusstsein zu schaffen. Sie als Führungskraft sollten dabei wie immer eine Vorbildfunktion einnehmen. Erst, wenn Sie die neuen Gedanken und Vorgehensweisen im unternehmerischen Alltag selbst implementieren, können diese später in den Köpfen Ihrer Mitarbeiter weitergedacht werden. Aber auch das erst dann, wenn die alten Gedanken und Handlungsweisen sich endgültig verabschiedet haben und sozusagen »zu Grabe getragen wurden«.

## »Sterben«, um richtig zu leben

Damit darf ich auf das Eingangszitat dieses Kapitels zurückkommen. »Wie oft muss ich sterben, um richtig zu leben?« Meine Antwort auf diese Frage lautet: oft, sehr oft. Die Anzahl unserer – rein metaphorischen – »Sterbeprozesse« im Leben bestimmt, wie sehr wir uns selbst als Person verändern, aber auch die Organisation, die wir vertreten, in immer wieder neue Wandlungsabenteuer führen. Ganz nach dem ewigen Prinzip von »stirb und werde« des Phönix aus der Asche. Ich selbst habe in meiner Rolle als Sparringspartner und Ganz-Ohr-Hase schon sehr oft aktive »Sterbehilfe« alter Vorgehensweisen geleistet, wenn es bei meinen Gesprächspartnern ums Eingemachte ging und sie im Eifer des Gefechts und in prekäre unternehmerische Situationen verstrickt rasch neue Entscheidungen treffen mussten.

Ja, auch dafür sind Zwiegespräche da! Die Zwiegespräche, die ich bislang in meiner Rolle als Ganz-Ohr-Hase führen durfte, haben schon so manchen meiner teilweise verzweifelten Gesprächspartner dabei geholfen, aus dem tiefen Labyrinth alter Gedanken und Handlungen, in dem sie sich verlaufen hatten, herauszufinden. Dazu braucht es auch kein Garnknäuel, wie es in der griechischen Sage der Theseus von Ariadne bekam, um nach dem Sieg über den Minotaurus aus dem von König Minos erbauten Labyrinth herauszufinden. Die Kombination aus aufmerksamem Zuhören und den richtigen Fragen im passenden Moment reicht meist schon aus, um den Ausgang relativ leicht zu finden. Das gilt auch für so manchen »Minotaurus im Managergewand«.

## Das Labyrinth des Nino Taurus

*Nino Taurus ist ein international erfolgreicher Manager im besten Alter. Er ist sehr körperbewusst, legt großes Augenmerk auf seine Gesundheit und trainiert fleißig, um in Form zu bleiben. Seine Zähne hat er sich allesamt ersetzen lassen, da in seiner Führungsposition die gesamte Palette vom verschmitzten Lächeln über herzhaftes Lachen bis hin zum gefährlichen Haifisch-Grinsen jederzeit abrufbar sein muss. Er trägt einen praktischen Kurzhaarschnitt, um so wenig wie möglich Zeit mit der morgendlichen Toilette zu vergeuden. Alles in seinem Leben ist schließlich auf Effizienz ausgerichtet!*

*Obwohl Nino beruflich weltweit unterwegs ist, fühlt er sich, als würde er sich in einem gigantischen Labyrinth wichtiger Aufgaben und Missionen immerzu hin- und herbewe-*

*gen. Sein Lebensziel dabei ist es jedoch nicht, den Ausgang daraus zu finden, sondern möglichst lange drinnen zu bleiben! Denn genau dort fühlt er sich wohl. Er hat das Labyrinth, ohne sich dessen bewusst zu sein, zu seiner privaten wie beruflichen Heimat gemacht. Obwohl, privat ist bei Nino wenig. Denn er ist kein Mann für Beziehungen. Die Liebe ist ihm vor langer Zeit abhandengekommen. Irgendwelche verlorenen Seelen finden jedoch immer mal wieder den Weg zu ihm und glauben, sich seiner annehmen zu müssen. Er lässt dies ab und an zu, im Grunde ist sein Herz jedoch erkaltet, es dreht sich alles nur noch um ihn selbst.*

*Von seinem Unternehmen wird Nino immer dann eingesetzt, wenn es brenzlig wird. Dort, wo Massenkündigungen anstehen, Managementebenen ausgemerzt werden sollen oder ganze Unternehmen von anderen geschluckt werden. Denn Nino Taurus weiß, was in solchen Fällen zu tun ist! Er ist DER Experte auf diesem Gebiet und wird immer dann hinzugeholt, wenn es ans Eingemachte geht. Er verrichtet diese Aufgaben, die sonst kaum jemand übernehmen würde, mit glattem Lächeln und kalter Hand. Dass er hinter seinem Rücken »der Menschenfresser« genannt wird, ist nicht charmant, bringt es aber auf den Punkt. Sobald Nino in einem Betrieb auftaucht, weiß jeder sofort, das bedeutet nichts Gutes! Er tritt auf und braucht kein Wort zu sagen, um Belegschaften und Managementetagen zum Beben zu bringen. Obwohl Nino mit einem wahren »Killer«-Instinkt seine diversen unternehmerischen »Todesurteile« ausspricht, mag er es gar nicht, »Menschenfresser« genannt zu werden. Viel lieber wäre er »der Nino aus dem Labyrinth«. Denn das Labyrinth ist die perfekt zu ihm passende Lebens- und Arbeitsform, und er hat nicht die geringste Lust, es jemals zu verlassen.*

*Ninos neueste Aufgabe ist die Durchführung der Firmenübernahme eines traditionsreichen Familienunternehmens durch ausländische Investoren. Die meisten Mitarbeiter sind in dem Unternehmen bereits in zweiter Generation angestellt und intrinsisch hoch motiviert. Der traditionsreiche Betrieb ist seit Jahrzehnten Wirtschaftsmotor für die gesamte Region. Das Unternehmen stellt wunderschöne, hochwertige Gläser her, die wahre Kunstwerke sind und auf der ganzen Welt hohes Ansehen genießen. Urs, der Eigentümer und Geschäftsführer, ist gesundheitlich stark angeschlagen. Er ist überzeugt, dass ihm kein anderer Ausweg bleibt, als seinen Betrieb zu verkaufen. Seinem einzigen Kind, seiner Tochter Ernestine, die schon seit einigen Jahren hoch motiviert in der Firma tätig ist, traut Urs nicht zu, sich im tagtäglichen Geschäft durchsetzen zu können. Außerdem weiß er, wie viel Zeit und Lebenskraft es ihn gekostet hat, das Unternehmen aufzubauen und zum Erfolg zu führen. Er möchte Ernestine diese schwere Last nicht auferlegen und geht einfach davon aus, dass es für sie am besten ist, mit dem Geld aus dem Verkauf ein unbeschwertes Leben zu führen.*

*Ernestine ist eine sehr viel energischere Frau, als ihr Vater glaubt, und will sich dieses Mal keinesfalls vorschreiben lassen, wie ihre Zukunft auszusehen hat. Sie liebt das Unternehmen und seine einzigartigen Produkte und ist fest entschlossen, es weiterzuführen. Zu oft hat ihr Vater aus falsch verstandener Liebe zu ihr sie vor allem Möglichen bewahren wollen – diese ständige Bevormundung will und kann Ernestine nicht länger hinnehmen. Aber, was tun? Sie fühlt sich zunehmend alleine und sehnt sich nach jemandem, mit dem sie offen und ehrlich sprechen kann. Immer öfter fragt sie sich: »Es muss doch jemanden geben, der mir schlicht und ergreifend einfach zuhört.« Ernestine beginnt in ihrem großen Bekanntenkreis herumzufragen, ob jemand einen passenden Gesprächspartner für sie kennt. Als Antwort erhält sie meist nur ein erstauntes Achselzucken und oft diese oder eine ähnliche Antwort: »Ach geh, da gibt es doch niemanden. Reden und schwadronieren können viele, zuhören kann und will heutzutage kaum jemand. Außerdem hat dafür keiner Zeit.« Eines Abends erhält sie auf einem Cocktail-Empfang von ihrer Bekannten Claudia auf ihre Frage jedoch eine interessante Antwort: »Gut zuhören können? Da fällt mir der Daniel ein!« »Daniel? Wer ist das? Was macht der?«, fragt Ernestine aufgeregt. »Daniel ist sehr speziell. Den Rest wirst du dann schon sehen«, lächelt Claudia kryptisch. Ernestine ist extrem neugierig geworden und lässt sich Daniels Adresse geben.*

*Einige Tage später steht sie erwartungsvoll vor dem Tor eines alten Gehöfts. Dort lebt dieser besagte Mann namens Daniel, der viel jünger aussieht, als er in Wirklichkeit ist. Daniel ist vor vielen Jahren aufgebrochen, um die große weite Welt kennenzulernen. Als Weltenbummler war er lange unterwegs, lernte viele verschiedene Kulturen kennen und hatte tiefgehende Begegnungen mit Menschen, die ihn bis heute prägen. Mit den meisten dieser Personen befindet er sich noch immer im virtuellen Austausch. Auf Ernestine wirkt Daniel wie jemand aus einer anderen Welt, und das ist er durch sein beeindruckendes Wissen und seine außergewöhnlichen Erfahrungen in gewisser Weise auch. Daniel betrachtet die attraktive junge Frau, die da so plötzlich vor seiner Tür erschienen ist. »Ja, bitte«, sagt er fragend. »Ich habe gehört, dass Sie gut zuhören können«, platzt Ernestine heraus, »und ich brauche so dringend jemanden zum Reden und, ja, zum Zuhören ...«, fährt sie dann atemlos fort.*

*Daniel lächelt und bittet Ernestine hinein. Er ist gerade mit etwas anderem beschäftigt, nimmt sich aber trotzdem Zeit für die aufgeregte junge Frau. Daniel ist wahrscheinlich der Einzige in der ganzen Gegend, der nicht weiß, wer sie ist. Als sie vor dem alten Kamin auf bequemen Fauteuils Platz genommen haben, redet Ernestine viel und ungebremst drauflos, weil sie intuitiv spürt, dass sie sich diesem Fremden, der sich gar nicht wie ein Fremder anfühlt, rückhaltlos anvertrauen kann.*

*Aus Ernestines Schilderungen erkennt Daniel bald, dass der ominöse Nino Taurus eine Figur ist, die in der Businesswelt eine vernichtende Rolle einnimmt und tatsächlich als der »Menschenfresser« agiert, als der er weltweit gefürchtet ist. Jemand, der seine beruflichen »Opfer« – im übertragenen Sinne – in einem virtuellen Labyrinth einfängt, um sie für seine Zwecke gefügig zu machen oder – je nach Auftrag – ganz und gar »aufzufressen«. Daniel erkennt aber auch, dass Nino Taurus selbst in seinem eigenen gedanklichen Labyrinth gefangen ist.*

*Da er scheinbar der Einzige ist, der dieses Labyrinth von außen wahrnehmen kann, schlägt Daniel vor, Nino Taurus telefonisch zu kontaktieren und um ein Treffen zu bitten. Er stellt sich als Berater von Ernestine vor und bekommt ohne Probleme gleich für den nächsten Tag einen Termin. Selbstbewusst eröffnet Daniel die Unterhaltung: »Ich freue mich, Sie zu treffen, Herr Taurus. Wie geht es Ihnen?« Nino Taurus, der gerade zu einer arroganten Aussage ansetzen wollte, blickt Daniel überrascht an. Normalerweise freut sich keiner, ihn zu sehen, und wie es ihm geht, hat auch schon sehr lange niemand mehr gefragt. Die meisten Menschen verspüren bei Begegnungen mit ihm so große Angst, dass sie erstarren und verstummen. Nino Taurus ist aus seinem gewohnten Fahrwasser geworfen und sagt leicht verunsichert: »Gut, es geht mir gut.« Daniel blickt ihm direkt in die Augen und antwortet: »Sind Sie sicher? Ich habe das Gefühl, dass Ihnen Ihre Lunge heute zu schaffen macht.« Als erfahrener Naturheilkundler konnte er beim ersten Blick in die Augen von Nino Taurus erkennen, dass dieser ein Lungenleiden hat. Nino blickt Daniel verwirrt an und sagt dann leise: »Ja, ich leide an Asthma. Woher wissen Sie das?« »Das sehe ich in Ihren Augen«, erwidert Daniel ruhig. Er weiß, Asthma ist ein klarer Schrei nach Liebe. Nino ist nun eindeutig verstört und kann Daniel nur fassungslos anstarren. Daniel steht auf, geht auf den »Menschenfresser« zu, breitet seine Arme aus und umarmt ihn innig. Nino weiß nicht, wie ihm geschieht. So etwas kennt er nicht. Fast kommen ihm die Tränen, und er verharrt einige Momente in dieser tröstlichen Umarmung. Nino weiß es noch nicht, aber er hat einen ersten, wichtigen Schritt aus dem Labyrinth getan, in dem er sich seit Jahren unbewusst unglücklich bewegt. »Lassen Sie uns jetzt über Ernestine, Urs und die geplante Übernahme des Unternehmens sprechen«, sagt Daniel.*

*Nach dieser ersten Unterhaltung zwischen Daniel und Nino starten die Verhandlungen in einer völlig neuen Energie. Auf Daniels Anraten besteht Ernestine darauf, die Gespräche selbst zu führen. Urs, ihr Vater, muss sich bald eingestehen, wie entschlossen, tapfer und souverän sie für das Unternehmen und seine Mitarbeiter kämpft. Nach einigen intensiven Verhandlungswochen kommt es zu einem für alle Beteiligten zufriedenstellenden Abschluss. Die Firma wird zwar wie geplant Teil des internationalen Geflechts von Anbietern von Luxusartikeln, aber die Belegschaft wird aufgrund ihrer hohen Kompetenz zur Gänze übernommen. Ernestine übernimmt die Rolle der Geschäftsführerin dieses neuen Zweiges des Luxuskonglomerats, und ihr Vater kann sich beruhigt in den wohlverdienten Ruhestand zurückziehen.*

Ist es nicht faszinierend, was zwei simple Zwiegespräche bewirken können? Dadurch, dass Ernestine nicht aufgab und durch insistierendes Fragen zu ihrem ganz persönlichen Ganz-Ohr-Hasen geleitet wurde und dieser wiederum ein sehr direktes und offenes Gespräch mit Nino führte, konnte die Zukunft eines Unternehmens in völlig neue Bahnen gelenkt werden. Aber die Wirkkraft speziell dieser beiden Zwiegespräche geht noch viel weiter. Ernestine und Daniel haben sich – der geneigte Leser, die geneigte Leserin mag es schon geahnt haben – auch auf privater Ebene gefunden. Sie spürt, dass Daniel sie kontinuierlich spiegelt, auch wenn er nichts sagt. In seinem Blick kann sie sich immer wieder vollkommen neu erfahren. Ernestine hat das Produktportfolio daher um liebevoll verzierte Spiegel erweitert.

Die noch größere Wirkkraft aber haben das Zwiegespräch und die Speguloreflexologie zwischen Daniel und Nino Taurus ausgeübt. Dieses Gespräch und vor allem die Umarmung von Daniel haben bei Nino Taurus den Grundstein für völlig neues Denken und Handeln gelegt. Er bekam in diesem Moment eine erste Ahnung davon, wie er zukünftig wirken und arbeiten könnte. Seine große Erfahrung weiter mit voller Kraft einzusetzen und für seine Auftraggeber in deren Sinne zu agieren, das versteht sich von selbst. Aber all das mit geringerer Vernichtungsenergie, weniger Brutalität und etwas mehr Finesse sowie dem Willen, eine vielleicht ja mögliche Kompromisslösung zu finden. In den Verhandlungen rund um das Unternehmen von Urs und Ernestine konnte Nino das erste Mal erleben, dass ein Kompromiss keinen Misserfolg darstellt, sondern auch bedeuten kann, dass alle Beteiligten als Gewinner aus den Verhandlungen hervorgehen. Nino Taurus, für den eine Verhandlung nur dann ein Erfolg war, wenn er gnadenlos seine Interessen durchgesetzt hatte, ist im Begriff, peu à peu sein Labyrinth zu verlassen, und stellt dabei fest, was für ein befreiendes Gefühl das ist.

In diesem Sinne, zweifeln Sie niemals an der allumfassenden Wirkkraft eines gelungenen Zwiegesprächs!

# Nach der Reflexion ist vor der Reflexion

Liebe Leserinnen und Leser,
ich freue mich sehr, dass Sie meinen Ausführungen bis zum Ende unserer gemeinsamen Zwiegesprächs-Reise gefolgt sind!

Da nach der Reflexion definitiv auch immer vor der Reflexion ist, denn das nächste Zwiegespräch kommt bestimmt, erlauben Sie mir zum Ausklang noch einmal, die wichtigsten Attribute Ihres zukünftigen Gesprächspartners und Reflektors, also Ihres ganz persönlichen Ganz-Ohr-Hasen, zu resümieren.

## Ihr Ganz-Ohr-Hase weiß von nichts

Der Ganz-Ohr-Hase zollt dem ihm entgegengebrachten Vertrauen seiner Gesprächspartner Respekt und verpflichtet sich zu absoluter Diskretion! Wenn Sie sich ihm gegenüber öffnen und beispielsweise von privaten Problemen oder Betriebsgeheimnissen erzählen, so können Sie darauf vertrauen, dass er diese für sich behält. Jede einzelne Geschichte in diesem Buch ist in diesem Sinne frei erfunden. Die eingebrachten Storys dienen einzig und allein der Veranschaulichung der möglichen Einsatzgebiete und Wirkweisen der Speguloreflexologie. Etwaige Ähnlichkeiten mit tatsächlichen Begebenheiten sowie lebenden oder verstorbenen Personen sind rein zufällig.

## Das Ganz-Ohr-Hasentier ist genderneutral

Es versinnbildlicht durch seine universelle Gestalt sämtliche Geschlechter von gender-queer bis nicht-binär. Eine Religion, die Hasen generell ablehnt, ist zumindest mir nicht bekannt. Da unser Häschen nicht zum Verzehr bestimmt ist, sondern sich ausschließlich dem Akt des Zuhörens widmet, sollten auch Vegetarier und Veganer mit der Bezeichnung »Ganz-Ohr-Hase« leben können. Ansonsten wird den Ganz-Ohr-Hasen betreffend allein aus Gründen der besseren Lesbarkeit die männliche Form verwendet. Sämtliche Personenbezeichnungen gelten selbstverständlich für alle Geschlechter.

## Ohr-Ganz-Muss! – Aus Spaß wird Ernst

Die Speguloreflexologie lässt sich in diesen drei Worten »Ohr-Ganz-Muss!« perfekt zusammenfassen. Denn der Ganz-Ohr-Hase muss immer ganz Ohr sein! Es geht nicht anders, denn ohne wirklich hingebungsvolles Zuhören wird weder Neuordnung der Gedanken noch Klärung gewonnen werden können. Dazu gehört aber auch unausweichlich, dass Sie selbst den Mut aufbringen, auf die »Kiste« zu steigen und sich Ihrem Reflexionspartner zu öffnen, frei nach dem Motto »Wer nicht reden will, muss fühlen.« Natürlich will ich Sie in diesem Buch nicht belehren, und Ihr Ganz-Ohr-Hase möchte das schon gar nicht. Aber wenn Sie die Wahl haben, sich offen im bewussten Zwiegespräch auszutauschen oder aber im Alleingang eine bittere und einsame Erfahrung nach der anderen zu machen, sollte die Entscheidung grundsätzlich nicht allzu schwerfallen.

## Hase gut, alles gut!

Meine Empfehlung zum Abschluss dieses Buches: Sobald Sie einmal Ihren passenden Ganz-Ohr-Hasen gefunden haben, lassen Sie ihn so schnell nicht wieder los und hüten Sie ihn wie Ihren Augapfel! Niemand wird Ihnen aufmerksamer zuhören und ehrlicheres Feedback geben als er. Wollen Sie originelle Ideen hervorbringen, für etwas eine Lösung präsentieren, mit der niemand gerechnet hat, oder eine überraschende Wendung in einem Prozess herleiten? Dann zaubern Sie doch einfach Ihren ganz persönlichen Ganz-Ohr-Hasen aus dem Hut. Sie müssen ihn ja nicht überall herumzeigen, ich habe mir sagen lassen, dass Hasen dieser ganz besonderen Spezies die Diskretion lieben!

## Einmal ist keinmal!

Vergessen Sie bitte niemals: Der gestandene Ganz-Ohr-Hase ist ein langfristiger Begleiter, kein Partner für den einmaligen Austausch. In Zwiegesprächen sind gepflegte Anregungen durchaus erwünscht, doch beschränken sich diese rein auf die Gedankenwelt der beiden Protagonisten. Komplexe Zusammenhänge und individuelle Gegebenheiten sowie etwaige Problemstellungen sind zumeist nicht über Nacht entstanden und können somit auch nicht mal eben so locker aus dem Ärmel geschüttelt, mir nichts, dir nichts auf Anhieb erkannt und schon gar nicht auf die Schnelle lösungsorientiert bearbeitet werden. Schaffen Sie sich daher regelmäßig Raum und Zeit für intensive Reflexionsmomente mit dem Ganz-Ohr-Hasen Ihrer Wahl und Sie werden sehen, dass sich Ihre Gedankenwelt auf wundersame Weise, von Gespräch zu Gespräch, klarer gestaltet. Haben Sie Geduld, denn auch in diesem Zusammenhang gilt: Gut Ding braucht Weile!

### Zwiegespräch mit Ihrem Ganz-Ohr-Hasen – reden wir, jetzt!

Ganz-Ohr-Hasen wollen erkannt werden für das, was sie repräsentieren, nämlich die neuen »weichen« Stars der Kommunikation zu sein. Ruhig und zurückhaltend, jedoch immer auch selbstbewusst und zielstrebig, wenn es drauf ankommt. So präsentieren sie sich in gegenseitigem wertschätzendem Austausch mit ihren respektiven Gesprächspartnern. Die Zeit des achtsamen Zuhörens im Zwiegespräch und was es bewirken kann, ist gekommen. Reden wir, jetzt!

Wenn es dem Ganz-Ohr-Hasen und mir mit der Vorstellung meines Konzepts der Speguloreflexologie gelungen ist, Ihnen die vielen Vorteile und den hohen Nutzen eines echten und wahrhaftigen Zwiegesprächs nahezubringen, dann haben wir unser gemeinsames Ziel erreicht!

Offenes, erfüllendes und erfolgreiches »Zwiesprechen« wünscht

Ihr Paul A. Glaesener

# Dankeschön!

Am Ende dieses Buches möchte ich mich ganz herzlich beim Leben bedanken. Denn es meint es schon immer gut mit mir. Wo auch immer ich mich auf dieser Welt aufhalte, formen Begegnungen und Gegebenheiten aller Art mein Wesen zu einem Amalgam an inspirierenden Eindrücken. Im Burgenland zum Beispiel durfte ich das »Sitzen und Schauen« entdecken, eine wunderbar einfache und zutiefst demütige Art und Weise, um den Lebensfluss entspannt bei mir anbranden zu lassen und sich ihm, bewusst wahrnehmend und kreativ gestaltend, hinzugeben.

Jetzt, in meiner zweiten Lebenshälfte, hat sich vieles verdichtet und einige besondere Eigenschaften wandelten sich zu tiefgründigen Erkenntnissen. Jeder, der seine Seele in meiner spiegelt, formt meinen Wahrnehmungsraum auch immer ein Stück weit zu seinem aus. So entsteht in mir ein sich stetig mutierendes Kaleidoskop der Lebenserfahrung und jeder Blick hinein schafft fluide Neuordnung, auch beim Betrachter. Sehen und gesehen werden, zuhören und gehört werden, mit allen Sinnen wahrnehmen und wahrgenommen werden – wahrhaftige Begegnungen sind es, denen meine tiefe Dankbarkeit gilt.

Ich bedanke mich auch bei der Zärtlichkeit und dafür, dass es sie gibt. Ohne sie ist alles nichts, auch die Liebe nicht.

Ich habe in diesem Leben viel erreichen und viel lernen dürfen. Stolz darauf empfinde ich nicht, dafür umso mehr auf meine Kinder. Merci, Chéris!

Ein ganz spezielles Dankeschön geht natürlich auch an Sie, lieber Leser, liebe Leserin, an den Goldegg Verlag und darüber hinaus an alle, die zu diesem Buch, in welcher Form auch immer, beigetragen haben.

# Literatur und Quellen

Brené Brown: Verletzlichkeit macht stark. Wie wir unsere Schutzmechanismen aufgeben und innerlich reich werden, Goldmann, 2017.

Michael Ende: Momo, Thienemann Esslinger, 1973.

Amy Edmondson: Die angstfreie Organisation. Wie Sie psychologische Sicherheit am Arbeitsplatz für mehr Entwicklung, Lernen und Innovation schaffen, Vahlen, 2020.

Johannes Gutmann, Robert Rogner, Josef Zotter: Eine neue Wirtschaft. Zurück zum Sinn, Edition a, 2020.

Reinhard Haller: Das Wunder der Wertschätzung. Wie wir andere stark machen und dabei selbst stärker werden, GU, 2021.

Johannes Huber: Der Holistische Mensch. Wir sind mehr als die Summe unserer Organe, Goldmann, 2020.

Michael Lehofer: 40 verrückte Wahrheiten über Frauen und Männer ... die Sie unbedingt kennen sollten, wenn Sie mit Ihrem Partner glücklich werden wollen, GU, 2022

Roberta Rio: Der Topophilia Effekt. Wie Orte auf uns wirken, Edition a, 2023.

Jörg R. Bergmann: Klatsch. Zur Sozialform der diskreten Indiskretion, De Gruyter, 1987.

# Kapitelübersicht

## Teil II

## Teil III

*Falls Sie Lust auf weitere Informationen rund um die Speguloreflexologie und die Thematik des Zwiegesprächs haben, werden Sie hier fündig:*

**www.speguloreflexologie.info**

**www.redmitpaul.jetzt**

*Wir vom Team Paul Glaesener freuen uns darauf, Ihnen ganz Ohr zu sein! Scheuen Sie sich nicht, mit uns Kontakt aufzunehmen.*